Inhalt

Einleitung

Empfehlungsmarketing – hoch gelobt, doch kaum gelebt

Empfehlungsmarketing ist das Richtige für Sie, wenn Sie …

◆ an einem Marketinginstrument interessiert sind, das Ihnen kostengünstig, dauerhaft und nach einer Zeit fast von allein neue Kunden bringt.

◆ einen Umsatzmotor suchen, der mit wirklichen Win-win-Beziehungen arbeitet, dabei die Bekanntheit Ihres Unternehmens erhöht und nachhaltig Ihr Image pflegt.

◆ Marketing- und Vertriebskosten mittelfristig senken möchten.

◆ negative Aussagen und Bewertungen über Ihr Unternehmen vermeiden bzw. verhindern möchten.

Das alles können Sie mit Empfehlungsmarketing erreichen. Darüber geredet wird viel, doch nur die wenigsten Unternehmen schaffen die nötigen Voraussetzungen für Empfehlungen und stimulieren sie dann auch aktiv.

Dank einer Fülle an Beispielen, umsetzbaren Aufgaben und praktischen Checklisten können Sie mit diesem Buch Schritt für Schritt Ihren individuellen Empfehlungsmarketingplan erarbeiten. Die Theorie ist auf das Wichtigste beschränkt.

Das Buch richtet sich hauptsächlich an Selbstständige, Unternehmer sowie Angestellte in Marketing und Vertrieb aus Unternehmen jeder Größe, sowohl im Business-to-Consumer-, als auch im Business-to-Business-Umfeld.

Was also ist Empfehlungsmarketing genau?

Empfehlungsmarketing ist …

1. das Schaffen empfehlenswerter Voraussetzungen im Unternehmen und

2. das strategische Aktivieren von Empfehlungen, und zwar nicht nur durch bestehende Kunden.

Es geht also um weit mehr als das allseits bekannte Netzwerken oder die freundliche Bitte um Weiterempfehlung am Ende eines Verkaufsgespräches.

Empfehlungen sind – sofern sie nicht incentiviert oder erkauft werden – immer die persönliche Meinungsäußerung eines Menschen. Empfohlen wird nur, was man mag, wovon man überzeugt, besser noch begeistert ist.

Überzeugung und Begeisterung wiederum bedürfen einer Fülle an Voraussetzungen, die ein Unternehmen schaffen muss, z.B. exzellente Qualität der Produkte und Leistungen oder ein „Plus", etwa ein zusätzlicher Service, den der Kunde nicht erwartet.

Sich gleich auf all die Maßnahmen zu stürzen, die das Empfehlungsmarketing bietet, um aktiv Empfehlungen zu stimulieren, wäre „zu kurz gesprungen".

> Fundiertes, auf die Zukunft gerichtetes Empfehlungsmarketing, das beständig und quasi von allein Neukunden bringen soll, braucht eine gesunde, empfehlenswerte Basis.

Sind die Voraussetzungen geschaffen, lohnt es sich, alle geeigneten Stimuli zu nutzen, um Empfehlungen aktiv auszulösen und sie nicht dem Zufall zu überlassen. Vor allem durch das Internet mit seinen vielfältigen, interaktiven Anwendungen haben sich die Möglichkeiten für Empfehlungsmarketing in den letzten Jahren deutlich erweitert.

Zum fundierten Empfehlungsmarketing gehören auch das Vermeiden von Negativaussagen und schlechten Bewertungen bzw. der Umgang mit solchen sowie ein gutes Beschwerde- und Reklamationsmanagement.

Sie sehen schon – die Bestandteile des Empfehlungsmarketings sind umfassend und weit reichend. Sie betreffen nicht nur die Marketing- oder Vertriebsaktivitäten, sondern das gesamte Unternehmen. Für durchschlagenden Erfolg bedarf es einer koordinierenden Steuerung und zentraler Führung.

Warum ist Empfehlungsmarketing wichtig wie nie zuvor?

Zum einen nehmen Informationsflut sowie Komplexität – und dadurch die Orientierungslosigkeit der Verbraucher – immer mehr zu. Wo man hinschaut, gibt es eine Vielzahl von Anbietern, deren Produkte oder Leistungen sich kaum unterscheiden. Die allgegenwärtige Werbung nervt. Menschen haben es dicke, dauernd von Automaten betreut zu werden oder endlos in Warteschleifen anonymer Callcenter zu versauern.

Zum anderen werden Kunden immer kritischer und anspruchsvoller. Sie schätzen persönliche Betreuung und individuelle Angebote. Werbekampagnen von Firmen und selbst journalistische Aussagen in Zeitschriften oder Fernsehen haben an Glaubwürdigkeit verloren.

Daher setzen mehr und mehr Menschen auf Empfehlungen aus dem persönlichen Umfeld oder aus Meinungsportalen im Internet. Sie durchschauen sehr wohl, ob eine Bewertung im Internet ein Fake ist. Und es ist Konsumenten auch klar, dass Meinungen oder begeisterte Empfehlungen von anderen stets subjektiv sind.

Auf Empfehlungsmarketing zu setzen, ist sinnvoll und zukunftsträchtig.

Betreiben Sie es ernsthaft und fundiert, leben Sie dabei automatisch Werte, die unsere Wirtschaft und Gesellschaft braucht und die Ihre Kunden von Ihnen erwarten: Ehrlichkeit, Fairness, Menschlichkeit und Nachhaltigkeit. Und das wirkt sich natürlich sehr positiv auf Ihr Image aus.

Was finden Sie in diesem Buch? Ein kurzer Ausflug durch die Kapitel

In Kapitel 1 erfahren Sie, was Menschen dazu bringt, Empfehlungen auszusprechen. Sie führen eine umfassende Standortanalyse durch und lernen, welche Voraussetzungen erfüllt sein müssen, um Empfehlungen zu stimulieren. Im Anschluss erarbeiten Sie Ihre individuellen Unternehmensgeschichten und -botschaften, die in den Köpfen bleiben und gern weitererzählt werden.

Dem Kern des Empfehlungsmarketings begegnen Sie in Kapitel 2. Hier lernen Sie den Empfehlungsprozess mit seinen Elementen und den richtigen Umgang mit allen Beteiligten kennen. Sie definieren Ihre eigenen Empfehlungsmarketingziele sowie die entsprechenden Zielgruppen und erfahren, wie man die so genannte Empfehlungsrate ermittelt.

Kapitel 3 behandelt das Formulieren Ihres Empfehlungsanliegens. Außerdem lernen Sie hier, wie man Empfehlungen im Gespräch aktiv anbringt und entsprechende Aufforderungen in die gesamte Standardkommunikation einbaut.

In Kapitel 4 geht es um Empfehlungsstimulationen in Marketingmaßnahmen sowie die Umsetzung und Erfolgskontrolle Ihres Empfehlungsmarketingplans.

Die Kehrseite von Empfehlungen sind der Dreh- und Angelpunkt in Kapitel 5. Sie lernen, Negativaussagen oder unvorteilhafte Bewertungen durch professionelles Reklamations- und Beschwerdemanagement zu vermeiden, aber auch, wie Sie mit nachteiligen oder gar ungerechtfertigten Bewertungen umgehen.

Der Anhang ist eine Zugabe für alle Wissbegierigen. Hier finden Sie Literaturempfehlungen zu begleitenden und vertiefenden Themen und Links zu interessanten Websites.

Ihr individueller Empfehlungsmarketingplan

Die Erarbeitung Ihres individuellen Empfehlungsmarketingplans folgt den klassischen vier Schritten der strategischen Marketingplanung:

1. Analyse der Ausgangssituation und Schaffen der nötigen Voraussetzungen
2. Zieldefinition und Zielgruppenbestimmung
3. Maßnahmenplanung und Umsetzung
4. Erfolgskontrolle und Optimierung

Die Erarbeitung Ihres Plans mithilfe dieses Buches gleicht einem Lauftraining. Es gibt Ausdauer- und Sprintstrecken und dazwischen immer wieder Erholungsphasen.

 Die Ausdauer-Aufgaben begleiten die vier Schritte der Marketingplanung und stellen die Meilensteine Ihres individuellen Plans dar. Sie erkennen sie an dem nebenstehenden Symbol. Für diese Aufgaben werden Sie mehr Zeit brauchen, dafür stärken sie langfristig Ihre Kondition. Bitte bearbeiten Sie die Ausdaueraufgaben nacheinander, denn sie bauen aufeinander auf.

 Die Sprint-Aufgaben, zu erkennen an diesem Symbol, gehen schneller von der Hand, sind aber deshalb nicht weniger wichtig für Ihre Performance.

Und zwischendurch genießen Sie in Ruhe die Theorieteile und die Beispiele.

Auf der folgenden Doppelseite finden Sie zur Orientierung eine Übersicht, die Ihnen zeigt, wie Sie Ihren Empfehlungsmarketingplan aufbauen könnten.

Arbeiten Sie bei der Erstellung Ihres Plans auf jeden Fall schriftlich, z.B. an Ihrem Computer. Geben Sie auf der Internetseite www.cornelsen.de/berufskompetenz den Webcode „Empfehlungsmarketingplan" ein oder gehen Sie auf die Seite www.yvonne-rubin.de/empfehlungsmarketing. Dort können Sie eine kostenlose Planvorlage downloaden.

Empfehlungsmarketing-plan

Das ist eine Übersicht, die zeigt, wie Sie Ihren Empfehlungs-marketingplan aufbauen können. Sie ist angelehnt an die Meilensteine der klassischen Marketingplanung. Sie finden hier alle Sprint- und Ausdaueraufgaben wieder.

1. Meilenstein: **Analyse der Ausgangssituation und Schaffen der Voraussetzungen**	
🏃	Qualitätscheck und Angebotsauswahl (Kap. 1.1)
	Etappe 1: Check von Produkt- und Leistungsqualität Check kundenfreundliche Unternehmensprozesse
	Etappe 2: Auswahl der durch Empfehlungsmarketing zu pushenden Produkte und Leistungen
🏃	Kompetenz- und Beziehungsfähigkeits-Check (Kap. 1.2)
🏃	Analyse der Empfehlungssituation (Kap. 1.3)
	Etappe 1: Kundenbefragung und Selbsteinschätzung
	Etappe 2: Abgleich Fremd-/Selbstbild und Ableitung der To Dos
🏃	Nutzenversprechen-Check (Kap. 1.4)
🏃	Checkliste Kundenerwartungen (Kap. 1.4)
🏃	Begeisterungsmöglichkeiten schaffen (Kap. 1.4)
🏃	Botschaften und Kurzvorstellungen (Kap. 1.5)
🏃	Geschichten erzählen (Kap. 1.5)
🏃	Selbst zum Empfehler werden (Kap. 2.1)
2. Meilenstein: **Zieldefinition und Zielgruppenbestimmung**	
🏃	Empfehlerzielgruppen definieren (Kap. 2.2)

🏃	Empfehlertypen konkrete Personen zuordnen (Kap. 2.2)
🏃	Dankes-Ideen für Empfehler (Kap. 2.3)
🏃	Ermittlung Empfehlungsrate und Zieldefinition (Kap. 2.4)

3. Meilenstein:
Maßnahmenplanung und Umsetzung

🏃	Empfehlungsformulierungen im Kundengespräch (Kap. 3.1)
🏃	Ein Multiplikatorengespräch planen (Kap. 3.1)
🏃	Mehrwert-Ideen für potenzielle Neukunden (Kap. 3.2)
🏃	Der „Angst vor dem Nein"-Check (Kap. 3.2)
🏃	Empfehlungsstimuli in die Standardkommunikation einbinden (Kap. 3.3)
🏃	Empfehlungsstimulierende Marketingmaßnahmen (Kap. 4)
	Etappe 1:
	Auswählen vorgeschlagener Marketingmaßnahmen
	Etappe 2:
	Entwickeln von eigenen, Ihr Geschäft betreffenden Maßnahmen
	Etappe 3:
	Planung der Maßnahmen im Detail
🏃	Kundenfeedback-Check (Kap. 5.1)
🏃	Reklamierer zu Empfehlern machen (Kap. 5.2)
🏃	Geschäftsrelevante Internetinformationen überwachen (Kap. 5.4)

4. Meilenstein:
Erfolgskontrolle und Optimierung

🏃	Erfolgskontrolle und Optimierung des Empfehlungs-marktingplans (Kap. 4.6)

Bevor wir loslegen, hier noch ein paar Worte zu zentralen Begriffen:

◆ Oft wird im Zusammenhang mit Empfehlungsmarketing mehr oder weniger synonym auch von Mundpropaganda gesprochen. Mundpropaganda ist aber lediglich die Weitergabe von mündlichen Informationen bzw. Empfehlungen in ungesteuerter Weise von einem Menschen zum anderen. Empfehlungsmarketing hingegen verfolgt das Ziel, Empfehlungen aktiv und zielgerichtet zu stimulieren, sowohl im zwischenmenschlichen Gespräch als auch weit reichend im Internet.

◆ Im Buch taucht wiederholt der Begriff Multiplikatoren auf. Im Sinne des Empfehlungsmarketings handelt es sich hierbei um Personen, die aufgrund ihrer Position, ihres Berufes, ihrer Persönlichkeit oder Bekanntheit in der Lage sind, eine Empfehlung an eine Vielzahl von Menschen weiterzutragen, sowohl mündlich, etwa auf Vorträgen oder im Einzelgespräch, als auch schriftlich in Zeitungsartikeln oder im Internetblog.

Nun aber: Auf geht's! Bitte legen Sie Papier und Stift zurecht oder starten Sie Ihren Computer. Holen Sie sich Ihr Lieblingsgetränk und sperren Sie alle Störenfriede aus. Jetzt wird gearbeitet. ☺

Viel Vergnügen!

1 Begeisternde Voraussetzungen für Empfehlungen schaffen

Wir beginnen mit einem kurzen Check.

Sprint-Aufgabe:
Wo stehen Sie in Sachen
Empfehlungsmarketing?

Bitte antworten Sie auf die folgenden Fragen nicht aus dem ersten Impuls heraus, sondern denken Sie sich kurz ein. Beantworten Sie die Fragen ehrlich und selbstkritisch. Wenn Sie sich bei einer Antwort nicht ganz sicher sind, bitte „Nein" ankreuzen.

	Ja	Nein
1. Bieten Sie über Ihr normales Angebot hinaus Extras an, mit denen Sie die Erwartungen Ihrer Kunden übertreffen und sie dadurch begeistern?		
2. Befragen Sie regelmäßig Ihre Kunden in Bezug auf die Qualität Ihrer Produkte und Leistungen?		
3. Fragen Sie Neukunden regelmäßig, wie diese auf Sie aufmerksam geworden sind?		
4. Kennen Sie die Empfehlungsrate Ihres Unternehmens?		
5. Haben Sie schon einmal Kunden gebeten, eine positive Bewertung über eines Ihrer Produkte oder Ihre Leistung im Internet zu veröffentlichen?		

6. Fällt es Ihnen leicht, eine Weiterempfehlung bei Ihren Kunden aktiv anzusprechen?		
7. Binden Sie bewusst Empfehlungsstimulanzen, z.B. informative E-Books, die zum Weiterleiten animieren, oder Gutscheine für zwei in Ihre Marketingmaßnahmen ein?		
8. Gehen Sie schon heute auf für Sie interessante, bisher aber persönlich unbekannte Multiplikatoren zu und versuchen Sie, sie für die Empfehlung Ihrer Produkte oder Leistung zu gewinnen?		
9. Empfehlen Sie aktiv die Leistungen oder Produkte anderer weiter?		
10.Prüfen Sie, was über Sie / über Ihr Unternehmen im Internet steht?		

Auflösung des Tests

Maximal drei Ja-Antworten:

Na, da geht noch was. Sie überlassen Empfehlungen bisher dem Zufall. Das Buch zeigt Ihnen, wie Sie alle wichtigen Voraussetzungen für Empfehlungen schaffen und diese dann aktiv stimulieren. Sie erarbeiten Schritt für Schritt Ihren individuellen Empfehlungsmarketingplan, und wenn Sie ihn konsequent umsetzen, bekommen Sie bald deutlich mehr Kunden bequem über Empfehlungen.

Maximal sieben Ja-Antworten:

Gar nicht schlecht – Sie machen schon einiges. Gehen Sie das Thema nun strategisch an und lernen Sie, auf der ganzen Klaviatur des Empfehlungsmarketings zu spielen. Dann werden Sie nicht nur von Ihren Kunden weiterempfohlen, sondern gewinnen eine ganze Reihe weiterer Empfehler dazu. Das bringt Ihren Umsatz auf Touren und Sie ersparen sich bald die oft mühsame Kaltakquise.

Acht bis zehn Ja-Antworten:
Wow, das sieht schon gut aus. Sie können nun Ihre Empfehler-Zielgruppen erweitern und insbesondere auch begehrte Multiplikatoren als Empfehler gewinnen. Lernen Sie, wie man die Empfehlungsrate ermittelt und gezielt steigert. Schöpfen Sie aus der Fülle der Ideen und Möglichkeiten, die dieses Buch in Sachen Empfehlungsstimulation bietet. So werden Sie nicht nur mehr Neukunden magnetisch anziehen, sondern deutlich Marketing- und Vertriebskosten einsparen können.

Wunderbar – Sie haben nun eine erste Einschätzung erhalten, wie es aktuell rund um Ihr Empfehlungsmarketing bestellt ist.

Verbreitete Irrtümer

Vielleicht sind Sie ja – wie einige meiner Trainingsbesucher – der Meinung, dass man mit Empfehlungsmarketing erst starten kann, wenn man einen langjährigen Kundenstamm, eine Datenbank voller Adressen und eine Flut an Referenzen hat? Falsch!

Eine weitere häufig anzutreffende Annahme ist, dass man nicht jedes Produkt bzw. jede Leistung durch Empfehlungsmarketing vermarkten kann. Ebenso falsch! Auch bei komplexen oder „heiklen" Produkten wie beispielsweise Inkontinenzeinlagen lassen sich Empfehlungen aktiv stimulieren.

Die Voraussetzungen für beständige Empfehlungen sind ganz anderer Art, nämlich:

◆ Spitzenqualität bei Produkten und Leistungen sowie reibungslose und kundenfreundliche Unternehmensprozesse (Kap. 1.1)
◆ Exzellenter Umgang mit Kunden, Multiplikatoren und Interessenten (Kap. 1.2)
◆ Begeistern mit dem „gewissen Extra" – und Kunden sowie Multiplikatoren zu Fans machen (Kap. 1.3)
◆ Punkten mit klaren Botschaften und spannenden Geschichten, die in Erinnerung bleiben und zum Weitererzählen motivieren (Kap. 1.4)

Die Voraussetzungen müssen passen, sonst können Sie sich abmühen, wie Sie wollen, und werden dennoch nicht empfohlen.

1.1 Spitzenqualität und kundenfreundliche Unternehmensprozesse

Ganz klar – nur sehr gute, funktionierende, vollständig und pünktlich gelieferte Produkte haben eine Chance, weiterempfohlen zu werden. Das Gleiche gilt für Dienstleistungen – ob im Beratungsgeschäft oder beim Friseur: Das Ergebnis muss stimmen. Sie haben dann entweder ein Problem Ihres Kunden gelöst, seine Lebensqualität erhöht oder ihm sogar Glücksgefühle beschert.
Ist das nicht der Fall, erreichen Sie möglicherweise das Gegenteil einer Empfehlung, z.B. in Form einer Beschwerde oder Reklamation. Eventuell sogar eine schlechte Bewertung auf einer Internetplattform.
Das Stichwort „Spitzenqualität" gilt auch für Ihre Unternehmensprozesse. Diese sollten wirklich kundenfreundlich sein und reibungslos laufen – von der Auftragsannahme und Angebotserstellung über Lieferung, Kundenbetreuung und Service bis hin zum Reklamationsmanagement.

Bitte stellen Sie sicher, dass alle Prozesse eindeutig definiert und die Zuständigkeiten klar sind und dass alles im Sinne des Kunden gelöst wird.

Wenn Sie nicht sicher sind, wo Sie in Sachen Angebots- und Prozessqualität stehen, reden Sie mit Ihren Kunden! Untersuchen Sie eventuell eingegangene Beschwerden auf ihre Ursachen. Laden Sie potenzielle Kunden oder Interessenten, die Ihr Produkt oder Ihre Leistung nicht kennen, ein und lassen Sie diese Ihr Angebot in Ihrem Beisein testen. Wiederholen Sie die Analyse in regelmäßigen Abständen – Qualität und reibungslose Prozesse sind die absolute Basis für Empfehlungen.

Und hier ist schon die erste Ausdauer-Aufgabe. Sie besteht aus zwei Etappen und ist ein Meilenstein Ihres Empfehlungsmarketingplans. Bitte nehmen Sie sich Zeit dafür.

**Ausdauer-Aufgabe:
Qualitätscheck und Angebotsauswahl**

Etappe 1

◆ Analysieren Sie zunächst wie oben beschrieben schriftlich die Qualität Ihrer Produkte oder Leistungen. Überprüfen Sie auch vorhandene Reklamationen auf ihre Gründe. Wo hakt es? Was wird bemängelt?

◆ Gehen Sie nun Ihre Unternehmensprozesse durch: Sind diese klar und verständlich definiert und allen Beteiligten hinreichend bekannt? Sind sie kundenfreundlich? Oder müssen sich beispielsweise Kunden im Buchbinder-Wanninger-Prinzip ewig zum gewünschten Ansprechpartner durchhangeln?

◆ Wenn Sie Mängel oder Verbesserungsmöglichkeiten sehen, stellen Sie einen Plan auf, wie Sie diese beseitigen wollen.

◆ Legen Sie neben dem Erledigungsdatum für Ihre To Dos auch einen regelmäßigen Turnus fest, in dem Sie diese Analyse wiederholen möchten.

Etappe 2

◆ Definieren Sie, was aus Ihrem Leistungsangebot verstärkt weiterempfohlen werden soll: Welche konkreten Produkte oder Leistungen wollen Sie durch Empfehlungsmarketing pushen? Vielleicht ist es Ihr Bestseller, vielleicht ein neues Produkt. Bitte nehmen Sie eine klare Priorisierung vor. Alles auf einmal nach vorne zu bringen, ist schwierig.

Tragen Sie die Ergebnisse, Aufgaben und Ziele aus beiden Aufgabenteilen in Ihren Empfehlungsmarketingplan ein.

1.2 Exzellenter Umgang mit Kunden, Multiplikatoren und Interessenten

Es ist wichtig, sein Handwerk zu verstehen und kundenfreundliche Prozesse zu haben; außerdem sollte man exzellent mit Kunden, Multiplikatoren und Interessenten umzugehen wissen.

Professionalität und Kompetenz

Wirklich kompetent und professionell aufzutreten beinhaltet, alle Kundenfragen beantworten zu können:

◆ Probieren Sie Produkte, die Sie verkaufen, aus.
◆ Nutzen Sie Einrichtungen, die Sie betreiben oder für die Sie arbeiten.
◆ Versetzen Sie sich in Ihre Kunden hinein und erleben Sie selbst, was auch Ihr Kunde erlebt. So können Sie eine Vielzahl seiner Fragen antizipieren und fundiert beantworten.
◆ Bilden Sie sich weiter und zeigen Sie nicht nur Interesse für Ihr Produkt oder Ihre Leistung, sondern vor allem für das, was Ihr Kunde wünscht und braucht.

Professionalität und Kompetenz – das sind auch oberste Gebote für Ihre Mitarbeiter, Kollegen und Geschäftspartner, vor allem für die, die in direktem Kundenkontakt stehen. Schon eine einzige unfreundliche Person im Unternehmen kann Ihren Ruf schädigen und Kunden vergraulen.

Bei Ihren Mitarbeitern haben Sie das am besten in der Hand. Setzen Sie auf geschultes und vor allem begeistertes Personal. Das erreichen Sie nicht mit Druck, Verboten und Überwachung, sondern durch Wertschätzung, Offenheit und Förderungsmaßnahmen.

Investieren Sie in regelmäßige Schulungen, loben und motivieren Sie. Das spornt nicht nur zu Höchstleistungen an und sorgt dafür, dass sich Kunden bei Ihnen wohl fühlen, sondern macht auch Ihre eigenen Mitarbeiter zu begeisterten Empfehlern.

Jeder spricht gern über das Unternehmen, für das er mit Freude arbeitet.

Haben Sie dennoch Mitarbeiter an Bord, die kein Einsehen zeigen und unprofessionell oder inkompetent auftreten, sollten Sie sich im eigenen Interesse von ihnen trennen.

Das Gleiche gilt für Geschäftspartner. Bitte wählen Sie diese mit Bedacht. Reden Sie Klartext, wenn etwas nicht stimmt. Denn was nützt Ihnen beispielsweise das beste Produkt, wenn es nicht zuverlässig und pünktlich geliefert wird?

Als Angestellter sollten Sie, wenn nötig, auch auf Ihre Kollegen Einfluss nehmen. Das ist mit Sicherheit nicht immer einfach, manchmal fehlt das Einsehen und der Kollege will sich nichts sagen lassen. Aber bedenken Sie auch hier: Sie können den besten Job der Welt machen – wenn Ihre Kollegen nicht ebenfalls kompetent und professionell auftreten, wird ein Kunde Ihr Unternehmen nicht weiterempfehlen.

Gehen Sie, wenn nötig, auf Ihre Kollegen zu und sprechen Sie Missstände offen und konstruktiv an.

Machen Sie klar, dass sie nicht nur die eigene Leistung in Misskredit bringen, sondern das ganze Unternehmen schädigen und Empfehlungen verhindern.

Beziehungsfähigkeit

Neben Kompetenz und Professionalität ist Beziehungsfähigkeit eine wesentliche Voraussetzung für Empfehlungen. Dazu gehören Sympathie, Vertrauen und Authentizität.

Klar, Sympathie ist der schwierigste Part in dieser Aufzählung, denn manchmal können Sie Ihr Bestes geben und dennoch wird der eine oder andere Sie nicht mögen. Niemand kann „Everybody's Darling" sein. Sympathie ist die Fähigkeit, positive Gefühle bei anderen auszulösen und dadurch deren Zuneigung zu gewinnen. Eigenschaften und Verhaltensweisen wie Freundlichkeit, Wertschätzung, Offenheit, Hilfsbereitschaft und Humor helfen ungemein.

Kommunizieren Sie auf Augenhöhe mit Ihren Kunden, behandeln Sie sie respektvoll und mit freundlicher Gelassenheit.

Hören Sie vor allem zu und finden Sie heraus, was Ihr Kunde will und braucht. Seien Sie fair. Auch wer gegen seinen Mitbewerber wettert, wird als unsympathisch und unseriös empfunden. Die Chemie muss stimmen – keiner empfiehlt jemanden, den er nicht mag.

Vertrauen ist eine weitere Voraussetzung für Empfehlungen. Es entsteht durch Ehrlichkeit, Verlässlichkeit und Verständnis – das zu bekommen, braucht in der Regel Zeit. Beschleunigen können Sie das, wenn Sie in Vorleistung gehen. Ja, ganz richtig: Wer anderen Vertrauen schenkt, bekommt Vertrauen zurück. Das ist kein Plädoyer für Blauäugigkeit und Alles-Erdulderei. Missbrauch sollten Sie schon konsequent ahnden. Doch Gesten und Handlungen, wie dem Kunden ein Produkt auf Probe mitgeben, ein erweitertes Rückgaberecht einräumen, vor Vertragsabschluss schon etwas von seinem Expertenwissen preisgeben oder den Kunden einfach nur ungestört im Laden stöbern lassen, vermitteln ein Gefühl der Vertrautheit.

Unternehmen wie der Sportartikelhersteller Eastpak, der seit Jahren lebenslange Garantie auf seine Rücksäcke gibt, oder das Internetunternehmen unternehmenskick.de, das Selbstlernkurse bei Nichtgefallen unkompliziert storniert, bestätigen, dass sich ein Vertrauensvorschuss unternehmerisch positiv auswirkt und selten ausgenutzt wird.

Schenken Sie also Vertrauen! Es lohnt sich.

Authentizität ist das letzte Stichwort zum Thema Beziehungsfähigkeit. Überall hört und liest man es: „Authentisch sein ist wichtig!" Doch was heißt das konkret? Die Praxis zeigt es: Viele haben eher eine diffuse Vorstellung von diesem Begriff. Authentizität kommt aus dem Griechischen und bedeutet „Echtheit", „als Original empfunden werden". Echt sind Sie mit all Ihren natürlichen Veranlagungen, Ihrer ganz persönlichen Gefühlswelt, Ihren Werten, Ansichten und Glaubenssätzen. Doch das steht oft im Widerspruch zu dem, was von uns erwartet wird. Deshalb spielen wir Rollen oder halten uns an die ungeschriebenen Gesetze des möglichst reibungslosen Zusammenlebens. Ein Dilemma?
Nein, denn Sie können es sich gar nicht leisten, *keine* Rollen zu spielen. Sie müssen z.B. freundlich sein und eine positive Ausstrahlung haben, um erfolgreich zu verkaufen, egal ob Sie gerade Kopfweh oder keine Lust haben. Kritisch wird die Rollenspielerei nur dann, wenn es überzogen oder aufgesetzt wirkt oder sich jemand in seiner Rolle unwohl fühlt.

Sicher kennen Sie auch ständig extrabreit lächelnde Menschen, die überzogen positiv, manchmal gar euphorisch alles wunderbar finden. Oder die Verkäuferin, die – ganz gleich, was Sie anprobieren – immer ganz begeistert flötet: „Ja, das ist wie für Sie gemacht!" – Puh. Das ist zu viel. Ist weder echt, noch glaubwürdig.

Wenn Sie aber Ihre selbst gewählten Rollen gern und überzeugend spielen und diese Ihrer Natur entsprechen, verhalten Sie sich authentisch – und das kommt an.

**Sprint-Aufgabe:
Kompetenz- und Beziehungsfähigkeits-
Check**

Überprüfen Sie Ihre Kompetenz und Beziehungsfähigkeit und beantworten Sie hierfür folgende Fragen:

◆ Interessieren Sie sich wirklich für das, was Sie verkaufen?
◆ Probieren Sie alles selbst aus oder nutzen Sie die Einrichtungen, für die Sie arbeiten?
◆ Können Sie immer alle Kundenanfragen beantworten und machen Sie sich schlau, wenn dem mal nicht so ist?
◆ Holen Sie sich regelmäßig Feedback in Sachen Kompetenz und Auftreten? Gibt es Verbesserungspotenzial?
◆ Bringen Sie Ihren Kunden Vertrauen entgegen?
◆ Verhalten sich auch Ihre Mitarbeiter, Kollegen und Geschäftspartner kompetent, beziehungsfähig und vertrauensfördernd?

Bitte seien Sie kritisch. Schönreden hilft hier nicht. Beseitigen Sie Missstände möglichst umgehend. Schulen Sie sich und Ihre Leute.

1.3 Exkurs: Kundenbefragung zur Analyse der Empfehlungssituation

Sie kennen jetzt zwei der vier genannten Voraussetzungen für Empfehlungen. Das ist ein guter Zeitpunkt, Ihre Angebotsqualität und Ihren Umgang mit Kunden, aber auch Ihre aktuelle Empfehlungssituation zu analysieren.

Die beste Möglichkeit für diese Analyse ist die Durchführung einer qualitativen Kundenbefragung. Viele Unternehmen schrecken davor zurück, wollen entweder ihre Kunden nicht belästigen oder scheuen den Aufwand. Doch die Ergebnisse der Befragung helfen Ihnen enorm, die Voraussetzungen für Empfehlungen zu verbessern. Darüber hinaus gewinnen Sie interessante Informationen und Einsichten, ob und wie Ihre Kunden zum jetzigen Zeitpunkt als Empfehler für Sie unterwegs sind.

Oft zeigt sich, dass die Ansichten von Kunden und Unternehmen deutlich auseinander gehen. Aus diesem Grund ist es gut, die Fragen so zu formulieren, dass sie von beiden Seiten beantwortet werden können – einmal von Ihren Kunden und einmal von Ihnen selbst.

> Beispiel: „Was schätzen Sie an unserem Unternehmen? / Was schätze ich an meinem/unserem Unternehmen?"

Wenn Sie so vorgehen, erhalten Sie ein vergleichbares Selbst- und Fremdbild.

Bei der Formulierung der Fragen gilt es, nicht einfach auf ein „Gut" oder „Schlecht" abzuzielen. Tolle Produkte, funktionierende Prozesse und professionellen Umgang setzen Ihre Kunden voraus.

> Fokussieren Sie Verbesserungsmöglichkeiten oder zufriedenheitssteigernde Maßnahmen. Binden Sie Fragen ein, die auf emotionale, also die „weichen Faktoren" abzielen.

Stellen Sie offene Fragen (W-Fragen), dann bekommen Sie detaillierte und qualitativ wertvolle Antworten. Sie können Ihren Kunden auch Auswahlmöglichkeiten, also Multiple-Choice-Fragen anbieten. Suchen Sie sich dafür beispielsweise drei Eigenschaftsworte aus, für die Sie oder Ihr Unternehmen stehen wollen, und überprüfen Sie durch Ihre Fragen, ob Ihre Kunden Sie auch so sehen.

Hier finden Sie ein paar konkrete Anregungen für Ihre Fragestellungen:

Anregungen für Fragestellungen
◆ Was schätzen Sie an unserem Unternehmen?
◆ Welche Produkte/Leistungen sprechen Sie besonders an?
◆ Was können wir besonders gut? Was ist besonders lobens-, liebenswert?
◆ Welche der genannten Eigenschaftsworte verbinden Sie mit uns/mir? – 1) Zuverlässig, 2) Kulant, 3) Außergewöhnlich
◆ Was können wir in Zukunft noch tun, um Sie glücklich zu machen?
◆ Wo sehen Sie Verbesserungspotenzial?
◆ Welche unserer Produkte/Leistungen würden Sie uneingeschränkt weiterempfehlen und warum?
◆ Haben Sie uns schon einmal weiterempfohlen? Wenn ja, was haben Sie weiterempfohlen? Warum haben Sie uns weiterempfohlen?
◆ Was können wir tun, damit Sie uns in Zukunft weiterempfehlen?
◆ Wo habe ich Ihnen am meisten geholfen?
◆ Was schätzen Sie an mir persönlich?

Suchen Sie sich für die Befragung Kunden aus, mit denen Sie in den letzten Wochen oder Monaten zu tun hatten. Mindestens zehn sollten es schon sein; wenn Sie umfassendere Ergebnisse haben wollen, natürlich gern auch mehr.

Am besten Sie rufen Ihre Kunden an, erklären, was Sie vorhaben, und versuchen, sie für Ihre Befragung zu gewinnen. Fragen Sie, wie sie teilnehmen wollen, z.B. per Post, E-Mail oder mündlich. Machen Sie die Beantwortung für Ihre Kunden so einfach und bequem wie möglich, legen Sie z.B. bei einer Befragung per Brief einen frankierten und adressierten Rückumschlag bei. Formulieren Sie das Anschreiben zur

Befragung auf jeden Fall persönlich. Und setzen Sie Ihren Kunden ein Datum, bis zu dem sie geantwortet haben sollen, z.B. eine Woche.

Übrigens:

Scheuen Sie sich nicht, auch Kunden anzusprechen, die vielleicht nicht hundertprozentig glücklich waren.

Mehr als ein Nein haben Sie nicht zu befürchten. Gerade von diesen Kunden erhalten Sie wertvolle Verbesserungshinweise und Tipps. Sprechen Sie den unglücklichen Umstand ruhig offen an:

> „Herr X, ich hatte den Eindruck, dass Sie mit unserer Leistung nicht 100%-ig zufrieden waren. Es ist uns wichtig, Ihre Wünsche in Zukunft wirklich umfassend und kompetent zu erfüllen. Daher würde es uns sehr helfen, wenn …"

Machen Sie deutlich, wie wichtig Ihnen das Feedback ist und dass Sie die Hilfe wirklich schätzen. Und nicht vergessen: Bedanken Sie sich persönlich, eventuell mit einem kleinen Geschenk oder Gutschein.

Wenn Sie Mitarbeiter und Kollegen haben, können sich diese an der Aktion beteiligen – je mehr Antworten Sie gewinnen, desto mehr Feedback, Anregungen und Aha-Effekte bekommen Sie.

Beantworten Sie außerdem alle Fragen schriftlich aus Ihrer eigenen Sicht. Sollten Sie Schwierigkeiten haben, Ihre eigenen Stärken zu formulieren, können Sie gute Freunde oder Familienangehörige bitten, Ihnen ehrlich Feedback zu geben.
Sind die Ergebnisse der Kundenumfrage dann bei Ihnen eingetroffen, vergleichen Sie Ihre eigenen Antworten mit denen Ihrer Kunden und werten Sie die Ergebnisse aus. Gehen Sie dafür wie in der folgenden Ausdauer-Aufgabe unter Etappe 2 beschrieben vor.

Ausdauer-Aufgabe:
Analyse der Empfehlungssituation

Ziel dieser Aufgabe ist die Analyse Ihrer Empfehlungssituation. Sie ist wieder ein kleiner Marathon, aufgeteilt in zwei Etappen. In Etappe 1 führen Sie eine Kundenbefragung und eine Selbsteinschätzung durch; in Etappe 2 erfolgt der Abgleich zwischen Selbst- und Fremdbild und das Erarbeiten der daraus resultierenden To Dos.

Etappe 1

◆ Formulieren Sie sechs bis acht Fragen – einmal zur eigenen Beantwortung, einmal für Ihre Kunden. Sie können sich an den oben vorgegebenen Fragestellungen orientieren, aber natürlich auch eigene hinzufügen.

◆ Suchen Sie sich nun zehn bis 15 Kunden aus, die Sie für Ihre Befragung gewinnen wollen. Rufen Sie sie an und überzeugen Sie sie, an der Befragung teilzunehmen.

◆ Je nachdem, auf welchem Wege Ihre Kunden teilnehmen möchten, schicken Sie ihnen die Fragen per Brief oder E-Mail zu oder Sie befragen Ihre Kunden direkt am Telefon. Vergessen Sie bei einer schriftlichen Befragung das Beantwortungsdatum nicht. Tragen Sie diesen Termin auch in Ihren Kalender ein.

◆ Dann beantworten Sie Ihre Fragen auch aus eigener Sicht.

Etappe 2

Führen Sie die Ergebnisse der Kundenumfrage und Ihre eigenen Antworten zusammen. Beantworten Sie dafür folgende Fragen:

◆ Decken sich Ihre Antworten und Aussagen mit denen Ihrer Kunden?

◆ Welche Punkte – positive wie negative – tauchen besonders häufig auf?

- Wo gibt es Diskrepanzen? – Überlegen Sie, welche Ursachen dahinter stecken.
- Welche Anregungen, Vorschläge und Hinweise haben Sie erhalten? Was können Sie tun, um empfohlen zu werden?
- Welche Ihrer Produkte oder Leistungen werden bereits empfohlen?
- Von wem wird empfohlen?
- Analysieren Sie die bisherigen Empfehler in Bezug auf Geschlecht, Alter und sonstige für Sie relevante Daten. Können Sie Häufigkeiten oder Gemeinsamkeiten feststellen?
- Warum genau empfehlen Sie diese Menschen?

Tragen Sie die Ergebnisse Ihrer Befragung und Standortanalyse, Ihre Ziele und Aufgaben nun in Ihren Empfehlungsmarketingplan ein.

1.4 Mit dem „gewissen Extra" begeistern und wahre Fans schaffen

Beim „gewissen Extra" geht es um all die kleinen Dinge, die Unternehmen über das normale Angebot hinaus bieten können, um außergewöhnlich und bemerkenswert zu sein. Ziel ist es, dadurch Begeisterung auszulösen und Kunden und Multiplikatoren zu Fans zu machen. Dafür müssen Sie zunächst die Erwartungen Ihrer Kunden kennen und erfüllen – besser aber übertreffen.

Kundenerwartungen kennen und erfüllen

Wissen Sie eigentlich, was Ihre Kunden erwarten? Und woher diese Erwartungen kommen?
Quellen können verschiedener Art sein: Ein Kunde hat bereits bei Ihnen oder einem anderen Anbieter eigene Erfahrungen gesammelt, darauf basieren in dem Fall auch seine Erwartungen. Jemand, der keine Erfahrungen hat, hat viel-

leicht irgendwo zufällig etwas über Ihr Angebot gehört oder gelesen, z.B. im Radio oder in einer Zeitschrift, und daraufhin Vorstellungen entwickelt.

Und auch Empfehler geben potenziellen Neukunden Stoff für Erwartungen mit. Daher ist es gut, wenn Sie durch Botschaften und Geschichten Einfluss auf sie nehmen. Wie das geht, erfahren Sie später. Und noch etwas in Sachen Erwartungen haben Sie in der Hand – nämlich das, was Sie selbst versprechen.

> Bitte seien Sie sich darüber im Klaren, dass jegliche Kommunikation Ihrerseits, egal ob Aussagen am Telefon oder Nutzenversprechen in Informations- und Werbematerialien, Erwartungen bei potenziellen Kunden auslöst.

Auch die Fotos auf Ihrer Internetseite lösen Vorstellungen, oft sogar Vorfreude aus, die dann Befriedigung erfahren wollen. Manchmal ist einem gar nicht bewusst, was ein schön formulierter Text oder ein perfekt inszeniertes Bild auslöst. Enttäuschen Sie hier, können Sie Weiterempfehlungen meist vergessen. Was Sie irgendwo versprechen, müssen Sie halten. So einfach ist das.

**Sprint-Aufgabe:
Nutzenversprechen-Check**

◆ Bitte analysieren Sie die Aussagen in Ihrer Kommunikation auf Nutzenversprechen. Gehen Sie also die Texte Ihrer Infoblätter, Broschüren, Ihren Webauftritt usw. durch. Welche Erwartungen wecken Sie durch Ihre Aussagen? Was zeigen Ihre Bilder?

◆ Überprüfen Sie, ob Sie das, was Sie zeigen oder zusichern, auch halten.

◆ Holen Sie sich Feedback von Ihren Kunden ein.

Lernen Sie die Erwartungen Ihrer Kunden kennen

Wie? Ganz einfach: Fragen Sie sie! Auch wenn Sie ein „alter Hase" in Ihrem Geschäft sind: Prüfen Sie, ob Ihre Vorstellungen über Kundenerwartungen auch tatsächlich mit dem übereinstimmen, was Ihr Kunde will und braucht.

> Gerade wenn Sie Produkte neu planen oder Leistungen erweitern, sollten Sie mit Ihren Kunden reden, nach deren Erwartungen fragen, sie bei der Entwicklung einbinden.

In so manchem Unternehmen werden einfach teure Studien eingekauft oder in Entwicklungsabteilungen wird elfenbeinturmmäßig am Kunden vorbeigeplant. Zu oft orientiert man sich schlicht am Wettbewerb. Auf den eigenen Vertrieb wird nicht gehört. Und so passiert es, dass Dinge angeboten werden, die keiner braucht.

Das kann nicht passieren, wenn Sie es sich zur Gewohnheit machen, Ihren Kunden gut zuzuhören und aktiv bei ihnen nachzufragen.

> Nutzen Sie jede Möglichkeit, um mit Interessenten und Kunden in Kontakt zu kommen und zu bleiben.

Reden Sie über Wünsche und Erfahrungen. Fragen Sie insbesondere bei Reklamationen und Beanstandungen genau nach. Erforschen Sie auch, was Ihr Kunde *nicht* will und wie sein Alltag aussieht. Auch hieraus lassen sich Rückschlüsse auf Erwartungen ziehen.

Bitte halten Sie die gewonnenen Erkenntnisse schriftlich fest. Eine gut geführte Kundendatenbank, die neben den Kontaktdaten auch Wünsche, Reklamationen oder sonstige relevante Zusatzinformationen zum Kunden enthält, sollte eine Selbstverständlichkeit sein.

Ideen und Anregungen, die nicht nur den Einzelkunden betreffen, sondern sich generalisieren lassen, schreiben Sie auf eine allgemeine Kundenwunschliste. So kann nichts in Vergessenheit geraten, Sie können die Liste priorisieren und Stück für Stück abarbeiten. Wenn Sie Händler haben, die Ihre Produkte vertreiben, reden Sie nicht nur mit diesen, sondern auch mit den Endkunden. Je mehr Sie wissen, desto besser.

Sprint-Aufgabe:
Checkliste Kundenerwartungen

Nutzen Sie die Gelegenheit für einen kurzen Zwischencheck. Wie steht es bei Ihnen in Bezug auf Kundenerwartungen? Kennen und erfüllen Sie diese? Setzen Sie einen dicken Haken bei einem „Ja". Notieren Sie auf einer To-Do-Liste stichpunktartig Änderungsschritte zu den Punkten, bei denen es noch klemmt.

☐ Regelmäßiger, persönlicher Kundenkontakt ist eine Selbstverständlichkeit.

☐ Die Erwartungen und Bedürfnisse der Kunden sind bekannt.

☐ Eine Kundendatenbank mit wichtigen Zusatzinformationen ist vorhanden und wird regelmäßig gepflegt.

☐ Es gibt eine Kundenwunschliste, auf der alle generalisierbaren Ideen, Wünsche und Anregungen gesammelt werden. Diese wird bei Produkt- oder Leistungsentwicklungen bzw. im Rahmen der kontinuierlichen Verbesserung einbezogen.

☐ Kunden werden schon heute bei Neuentwicklungen oder Änderungen aktiv eingebunden.

☐ Bei Beschwerden und Reklamationen wird standardmäßig nach den Ursachen geforscht und es werden Schritte zur Verbesserung ergriffen.

Erwartungen übertreffen und Kunden zu Fans machen

Um Kundenerwartungen zu übertreffen, reicht es manchmal schon, einfach besser zu sein als der Wettbewerb. Beim Arztbesuch lassen sich Kundenerwartungen ungefähr so zusammenfassen: Lange Rumsitzerei in drögen Wartezimmern für eine kurze Behandlung bei einem unpersönlichen Weißkittel. Hier lassen sich schon durch simples Terminmanagement Erwartungen übertreffen. Gleiches gilt auch für andere Branchen, beispielsweise bei Handwerkern in Bezug auf Pünktlichkeit.

Ganz einfach lässt sich hier sogar ein deutlicher Unterschied machen: Der Arzt gestaltet das dröge Wartezimmer freundlich, bietet etwas zu trinken und spannende Lektüre an. Der Handwerker ist nicht nur pünktlich, sondern räumt auch seinen Dreck weg.

Doch mit dem Herbeiführen von eigentlich Selbstverständlichem sollten Sie sich nicht zufrieden geben.

Um wirklich dauerhaft einen empfehlenswerten Unterschied zu machen, müssen Sie Ihre Kunden begeistern, zu wahren Fans werden lassen.

Beispiel

Alexandra von Schönberg entwirft und fertigt in ihrer liebevoll eingerichteten Werkstatt auf dem bayerischen Land wunderschöne mit Stoff oder Papier bezogene Schätze, beispielsweise individuelle Fotoalben oder kostbare Schachteln. Diese verkauft sie in ihrem Laden, übers Internet oder auf Bestellung an Firmen. Zudem bietet sie Kurse an, in denen sich jeder unter ihrer Anleitung eigene Lieblingsstücke fertigen kann.

Der Besuch bei ihr ist stets ein Erlebnis. Alles ist geschmackvoll eingerichtet, oft wird neu dekoriert. Sie lässt ihre Kunden ungestört stöbern, immer gibt es leckeren Tee, manchmal ein kleines Geschenk. Da sie aufmerksam zuhört, kann sie einer Kundin mal den lang ersehnten Stoff, mal ein passendes Accessoire anbieten. Sie ist freundlich, unaufdringlich und sie strahlt. Hat eindeutig Spaß an der eigenen Arbeit.

Der Laden läuft, die Kurstermine sind weit im Voraus ausgebucht. Die Kunden sind begeistert – sowohl von den gekauften als auch von den selbst gefertigten Dingen.

Unglaublich aber wahr: Frau von Schönberg gewinnt alle ihre Kunden über Empfehlungen – und muss dafür sonst nichts tun. Kein Netzwerken, keine Werbung, nichts. Die Voraussetzungen stimmen. Sie gilt als Geheimtipp, die Kunden nehmen selbstverständlich die lange Anfahrt in Kauf. Selbst die Presse kommt auf Anraten begeisterter Kunden von allein zu ihr. Denn hier stimmt alles: Qualität, Service, Ambiente, Freundlichkeit, Fairness, Vertrauen. Frau von Schönberg ist ein Musterbeispiel in Sachen exzellentes Empfehlungsmarketing. Sie versteht es, die Klaviatur der Kundenbegeisterung zu spielen – mit Herz und Verstand.

Vielleicht fällt es Ihnen auf den ersten Blick schwer, das Beispiel auf Ihr eigenes Unternehmen zu übertragen. Vielleicht haben Sie Produkte, die nicht so attraktiv oder sehr technisch sind. Oder Sie arbeiten in einem größeren Unternehmen mit komplexen Prozessen und vielen Mitarbeitern. Doch immer und überall gilt:

> Sie haben mit Menschen zu tun und diese können Sie begeistern.

Das gilt auch, wenn Sie ausschließlich über das Internet verkaufen und nur in Ausnahmefällen direkten Kontakt zu Ihren Kunden haben. Und auch dann, wenn Sie in Ihrer Firma für das Mahnwesen verantwortlich sind, denn selbst hier können Sie mit Freundlichkeit und individuellen Formulierungen punkten.

Zusammengefasst sind es die folgenden Faktoren, die Begeisterung auslösen.

◆ Das A und O: Sie müssen selbst begeistert sein. Identifikation mit dem Unternehmen und Überzeugtsein vom eigenen Angebot ist gut. Viel besser aber ist es, wenn Sie lieben, was sie tun. Diese Begeisterung steckt andere an, und darüber hinaus haben auch Sie Spaß an Ihrer Arbeit.

◆ Berühren Sie die Menschen emotional. Sorgen Sie dafür, dass der Kunde sich bei Ihnen wohl fühlt.

◆ Nehmen Sie sich Zeit und achten Sie beim Zuhören auch auf Kundenwünsche oder Vorlieben, die nicht unmittelbar mit Ihrer Geschäftsbeziehung zu tun haben. Vielleicht hat Ihr Kunde erwähnt, dass er am Wochenende in die Toskana fährt und noch keine Zeit hatte, ein Hotel zu suchen. Sie aber kennen ein gutes. Nehmen Sie sich die paar Minuten und schreiben Sie ihm eine E-Mail mit entsprechendem Link und Ihrer besonderen Empfehlung, z.B. für eine spezielle Massage.

◆ Legen Sie Wert auf Details – in jeder Beziehung. Da Sie nie wissen können, welches Detail welcher Kunde sieht und was ihn möglicherweise begeistert, gibt es hier fast kein Zuviel. Richten Sie Ihr Augenmerk auf die Punkte, mit denen Ihre Kunden in Berührung kommen, und überlegen Sie sich eine besondere Ausgestaltung. Das kann ein ungewöhnlicher Text auf dem Anrufbeantworter oder ein handschriftlicher Gruß statt der üblichen Werbung von anderen im Lieferpaket sein.

◆ Binden Sie Ihre Kunden ein, lassen Sie sie mitgestalten oder selbermachen. Denken Sie auch an Formen der Individualisierung. So bietet z.B. Apple eine limitierte Edition des iPod an. Hier kann der Kunde eine besondere Farbe wählen und seinen Namen sowie einen persönlichen Spruch eingravieren lassen. Gern zahlt er dafür einen Aufpreis und ist obendrein begeistert vom seinem Unikat.

- ◆ **Kleine Gesten und Aufmerksamkeiten fallen auf und erfreuen immer:** Ob die namentliche Kundenansprache, das Aufhalten der Tür oder eine Blume für die Kundin zum Geburtstag.

- ◆ Geschenke ja – aber bloß nicht den Plastik-Kugelschreiber oder das logobestickte Basecap. Begeisterung löst das nicht aus. **Wenn Geschenk, dann bitte individuell und einfallsreich.**

- ◆ **Seien Sie tolerant und kulant, auch wenn es Sie eine Kleinigkeit kostet.** Großzügige Stornobedingungen, Rücknahmebereitschaft über die übliche Frist hinaus oder die aus purer Freundlichkeit nachgelieferten Schrauben, all das fällt auf und stimmt fröhlich, eben weil es so selten vorkommt.

- ◆ **Besonders begeistert vor allem das Unerwartete, Verblüffende oder Faszinierende.** Beispiel: Ein Stadtführer erklärt in seiner Broschüre die Tour, lässt aber bei der Beschreibung ein kleines Highlight aus, z.B. den Besuch beim besten Chocolatier am Platze, bei dem es dann köstliche Pralinen zu probieren gibt. Die Station steuert er sozusagen zusätzlich für die Kunden an. Ein wunderbar überraschendes Extra.

- ◆ **Sie können „kleine, feine Überraschungen" sogar schon im Vorfeld andeuten, ohne klar zu sagen, worum genau es sich handelt.** Das macht neugierig, schafft Vorfreude und eine geheimnisvolle Atmosphäre. Menschen lieben so etwas. Natürlich müssen Sie dieses Versprechen später auf jeden Fall erfüllen. Ob der „special guest" auf einer Veranstaltung oder die unerwartete Extratour auf einer Reise – treffen Sie ins Schwarze, ist eine solche Überraschung ein Garant für Empfehlungen.

Für das Schaffen begeisternder Extras gibt es kein Patentrezept. Um auf entsprechende Ideen und Maßnahmen zu kommen, sind vor allem wahres Interesse am Kunden, Verständnis und Phantasie gefragt. Nehmen Sie sich Zeit und überlegen Sie, welche Möglichkeiten Sie haben, Ihren Kunden Freude zu bereiten. Wenn Ihnen das gelingt, werden Ihre Kunden zu Fans, die nicht nur wiederkommen, sondern Sie aktiv empfehlen. Wenn Sie gar als Geheimtipp gelten, ist Ihnen magnetische Anziehungskraft sicher.

Bitte bedenken Sie, dass sich mancher Begeisterungsbringer abnutzt oder einschleift. Es wird der Normalzustand, fällt nicht mehr auf.

Öfter mal was Neues – so heißt also die Devise.

**Ausdauer-Aufgabe:
Begeisterungsmöglichkeiten schaffen**

◆ Führen Sie zum Thema Begeisterungsmöglichkeiten ein Brainstorming mit Kollegen, Freunden oder Geschäftspartnern durch. Sie müssen nicht immer alleine brüten. Gemeinsam ist es nicht nur ergebnisreicher, sondern auch lustiger. Welche Extras können Sie in Ihrem Bereich bieten?

◆ Sie können auch eine Feedbackrunde mit Ihren Kunden durchführen. Laden Sie fünf bis sieben Stammkunden ein, besprechen Sie die angedachten Extras mit ihnen und fragen Sie sie nach eigenen Ideen und Vorschlägen.

◆ Wenn Ihnen nichts mehr einfällt, versuchen Sie es anders herum. Überlegen Sie, was Sie tun müssten, um Ihre Kunden loszuwerden. Ein Perspektivenwechsel ist angesagt und wirkt oft Wunder. Malen Sie sich aus, wie Sie es schaffen könnten, dass kein Kunde mehr was von Ihnen will. Schreiben Sie es auf, dann drehen Sie es wieder um.

- ◆ Bewerten Sie die gefundenen Ideen.

- ◆ Erarbeiten Sie für die Erfolg versprechenden Begeisterungsbringer konkrete To Dos, legen Sie Verantwortlichkeiten fest. Machen Sie wenn nötig eine Kostenplanung.

- ◆ Tragen Sie die Begeisterungsmöglichkeiten und Aktivitäten, die Sie zusammengetragen haben, in Ihren Empfehlungsmarketingplan ein.

1.5 Mit klaren Botschaften und spannenden Geschichten punkten

Klare Botschaften und Geschichten als Voraussetzung für Empfehlungsmarketing? Die bisher genannten Punkte überzeugen meine Seminarteilnehmer normalerweise uneingeschränkt. Hierbei hingegen schaue ich oft in verwunderte Augen.

Aber ja: Überlegen Sie einmal, wie oft Sie auf Veranstaltungen, in Meetings, auf Messen oder ganz normal in Ihrer Arbeitsstätte auf fremde Menschen treffen, die Ihnen erzählen, was sie tun. Auch in privater Runde wird viel über Berufliches geredet. An wen können Sie sich im Nachhinein erinnern und von wem wissen zudem noch, womit er sein Geld verdient? Ganz klar:

Es sind die, die Ihnen ein klares Bild davon vermitteln konnten und in spannender, lustiger, überraschender, auf jeden Fall einprägsamer Weise ihre Geschichte erzählt haben.

Das gilt nicht nur für Gespräche, sondern für jegliche geschäftliche Kommunikation, egal ob auf der Webseite, bei Produktankündigungen oder im Radiospot – und eben auch für die Stimulation von Empfehlungen. Es muss klar sein, was Sie tun und wollen.

Knackige Botschaften entwickeln

Optimalerweise packen Sie schon in die Antwort auf die Frage „Was machen Sie beruflich?" eine knackige, aufmerksamkeitsstarke Botschaft. Kurzvorstellungen sind Gang und Gäbe und eine gute Möglichkeit, etwas mehr mitzugeben als nur den eigenen Namen und die Berufsbezeichnung.

„Mein Name ist Hans Schulze und ich bin Bäcker." Eine solche Vorstellung ist zwar klar verständlich, aber langweilig. Und wenn sich jemand schlicht als Unternehmensberater oder Coach bezeichnet, nicken die Leute zwar in der Regel – kriegen aber mit Sicherheit kein Bild, womit der gute Mensch anderen hilft. Und deshalb wird er vermutlich nie weiterempfohlen.

Klarheit, Kürze und einen passenden Aufhänger in die Kurzvorstellung zu bringen, hilft Ihnen nicht nur, in Erinnerung zu bleiben, sondern eröffnet optimalerweise gleich das Gespräch.

Beispiel

Ein befreundeter Ordnungscoach stellt sich ungefähr so vor: „Mein Name ist Niko von Farkas – ich bin der Ordnungscoach. Wussten Sie eigentlich, dass Menschen 20 Prozent ihrer Arbeitszeit mit dem Suchen von Unterlagen oder sonstigen Sachen verbringen? Das sind knappe zwei Stunden pro Tag! – Pause – Und hier kann ich helfen." Die Reaktionen darauf reichen von einem erschrockenen „Waaas? Wie viel?" bis zu „Sie brauche ich!". Wunderbar – Ziel erreicht.

Es ist gar nicht so leicht, gute Botschaften zu formulieren. Ganze Bücher und tagfüllende Seminare beschäftigen sich mit diesem Thema. Lassen Sie sich also nicht entmutigen, wenn Ihnen erst einmal nichts einfällt. Suchen Sie in Ruhe und vielleicht in einer kreativen Runde mit Freunden oder Kollegen nach spannenden Aufhängern, beispielsweise …

- lustigen Episoden,
- interessanten Studien oder
- erstaunlichen Begebenheiten.

Vermeiden Sie branchenübliche Floskeln. Und auch die Aussage „Wir sind Marktführer" ist ausgetreten. Was jeder sagt, interessiert bald keinen mehr und schafft keinen Unterschied.

Gute Botschaften ...

- **sind klar und verständlich,** sie bestehen aus eindeutigen Aussagen und allgemein verständlichen Worten.

- **sind prägnant und kurz.** Kommen Sie schnell zum Punkt und bilden Sie kurze Sätze (maximal drei bis vier).

- **unterstützen Ihre geschäftlichen Ziele** und verdeutlichen den Bereich, den Sie besetzen wollen.

- **sind konsistent und stimmig.** Das stellt Ihre Glaubwürdigkeit sicher.

- **enthalten ein Nutzenversprechen.** Die meisten formulieren aus eigener Sichtweise anstatt aus der ihrer Mitmenschen. Denken Sie daran: Der Köder muss dem Fisch schmecken!

- **enthalten Belege,** also Fakten oder objektive, neutrale Aussagen, die Ihren Anspruch in der Positionierung verstärken.

- **machen neugierig** und eröffnen den Dialog.

Wenn Sie Ihre Formulierungen haben, lernen Sie sie bitte nicht auswendig. Heruntergeleiert verfehlen auch die besten Botschaften ihr Ziel. Wechseln Sie hin und wieder den Aufhänger, sonst wird es auf Dauer langweilig. Und setzen Sie Ihre Botschaften nicht nur in der Vorstellungsrunde ein, sondern wo immer passend im Gespräch oder in Ihrer geschäftlichen Kommunikation.

Ausdauer-Aufgabe:
Botschaften und Kurzvorstellung

◆ Beginnen Sie mit einer Stoffsammlung für Ihre Botschaften. Beantworten Sie dazu folgende Fragen: Wer sind Sie? Was tun Sie? Welche Probleme lösen Sie? Welches Nutzenversprechen haben Sie? Wie erfüllen Sie es? Welchen Mehrwert bieten Sie? Warum sollen Kunden bei Ihnen unterschreiben? Welche Aussagen definieren Sie (z.B. praxisnah, kompetent …)?

◆ Nun suchen Sie Begriffe und Aufhänger: Welche Schlüsselwörter beschreiben Ihr Geschäft? Welche interessanten Aufhänger können Sie einsetzen? Recherchieren Sie Studienergebnisse oder aktuelle Ereignisse, die passen. Vielleicht ist es eine lustige Episode, ein ungewöhnliches Zitat oder gar ein Witz. Sie können überzeichnen oder gar provokant sein. Alles ist möglich, solange Sie nicht langweilen oder Ihr Ziel verfehlen.

◆ Versetzen Sie sich in Ihre Kunden hinein und überlegen Sie, ob Ihre Botschaften wirklich für sie relevant und ansprechend sind.

◆ Formulieren Sie Ihre Kurzvorstellung mit knackiger Botschaft wie oben beschrieben.

◆ Tragen Sie Ihre Botschaften in Ihren Empfehlungsmarketingplan ein.

Warum Geschichten – was bewirken sie?

Lebendig erzählte Geschichten fesseln die Aufmerksamkeit und Konzentration Ihrer Zuhörer leichter als trockene Daten und Fakten oder nüchterne Leistungsbeschreibungen. Storytelling ist das Marketingfachwort dafür. Es geht dabei um strategisch eingesetzte Unternehmensgeschichten, die

Traditionen und Werte, aber auch Produkte und Leistungen verständlich rüberbringen.

Lustiges, Lehrreiches, Bemerkenswertes oder Spannendes ist seit jeher beliebt und wird gern weitererzählt. Nutzen Sie diese Tatsache auch für Ihre Empfehlungsstimulationen.

Gute Unternehmensgeschichten …

◆ sind positiv und erzeugen konkrete Bilder in den Köpfen der Menschen. Sie lassen miterleben und sind deshalb gut erinnerbar.

◆ bringen jeglichen Inhalt verständlich und überzeugend rüber. Selbst Komplexes oder trockene Daten, Fakten und Zahlen können einfach dargestellt und in bunte Bilder gepackt werden.

◆ unterhalten, lassen mitfühlen, bauen Brücken, machen Spaß.

◆ vermitteln Werte, Motive und zeigen Persönliches. Das gibt wiederum Vertrauen.

◆ sind interessant, einprägsam und so faszinierend, dass sie zum Weitererzählen motivieren.

Wie schaffen Sie es, eine solche Unternehmensgeschichte zu erzählen?

Zunächst indem Sie ein Thema wählen, das viele Menschen, zumindest aber Ihre Zielgruppe betrifft. Bauen Sie die Geschichte so auf, dass etwas darin passiert. Sie brauchen eine Dramaturgie, einen Spannungsbogen. Schon die Ausgangssituation muss packen, sonst verlieren Ihre Zuhörer oder Leser schnell das Interesse. Oft steht am Beginn einer Geschichte eine besondere Herausforderung. Es gibt beispielsweise einen Konflikt, der gelöst werden muss. Ihre Geschichte kann aber auch eine lustige Begebenheit sein, die Ihnen ein Kunde erzählt hat.

Erzählen oder schreiben Sie emotional, aktivieren Sie die Sinne Ihrer Zuhörer oder Leser – sie müssen mitfühlen, sich wirklich hineinversetzen können. Das formulieren im Präsens, also der Verlaufs- oder Gegenwartsform, hilft hierbei ungemein. Achten Sie auf eine einfache, gut verständliche Sprache und eine angemessene Länge.

Testen Sie Ihre Geschichten aus, bevor Sie sie breit kommunizieren. Schauen Sie genau hin, wie Ihre Zuhörer reagieren. Lassen Sie sich Feedback geben. Improvisieren Sie, kürzen Sie und streichen Sie, was nicht ankommt. Übung führt auch hier zur Meisterschaft.

Geschichten müssen übrigens nicht immer in Textform erzählt werden, auch in Bildern oder Filmen lassen sie sich erzählen.

Beispiel

Die Betreiber der Münchner „Boulderwelt – Klettern ohne Furcht und Tadel" schufen sich schon Fans, bevor die Halle überhaupt eröffnet war. Sie berichteten wöchentlich in ihrem Blog auf unterhaltsame Art und Weise vom Baufortschritt oder zeigten lustige Fotos oder Filmchen von außergewöhnlichen Aktionen, z.B. „Kunden helfen Boulderrouten schrauben". Diese wurden zunächst per Weiterleiten-Funktion in der Münchner Kletterszene herumgereicht und fanden dann auch außerhalb der Kletterszene weite Verbreitung nach dem Prinzip: „Guck mal, da eröffnet bald was Cooles. Wäre das nicht was für dich?" Ganz nebenbei wurde den Münchnern der in Deutschland noch recht unbekannte Begriff „Bouldern" nahe gebracht (Bouldern: Klettern ohne Seil auf absprungsicherer Höhe). Und so standen schon am Tag der Eröffnung die Kunden Schlange.

Weitere Geschichten im Unternehmenskontext können sein:

◆ Historie: Wie, durch wen oder was wurde das Unternehmen das, was es heute ist? So betreibt z.B. die Siemens AG ihre Foren, eine Art Unternehmensmuseum, in denen sie anschaulich sowohl die lange und erfolgreiche Firmengeschichte als auch innovative Produkte zeigt.

- **Wieso, weshalb, warum?** Wie funktioniert was? – Verblüffende oder lustige Geschichten à la *Sendung mit der Maus* zur Erklärung von Produkten oder Leistungen.
- **Wir tun Gutes und reden darüber** – soziales Engagement ist immer eine Geschichte wert.
- **Visionen in Geschichten packen.** So hatte beispielsweise die unbekannte Rocksängerin Barbara Clear den Traum, einmal in der Münchner Olympiahalle zu spielen. Über viele Jahre hinweg erzählte sie ihren Fans von dieser Vision und bat sie um Unterstützung. Die Presse wurde auf die kühne Idee aufmerksam und verbreitete die Geschichte weiter. Im Jahr 2004 konnte sie sich ihren Traum tatsächlich erfüllen.
- **Forschungs- oder Studienergebnisse, Events und Innovationen** liefern weitere Inspirationen. Vielleicht haben Sie gerade einen Preis gewonnen oder ein Firmenjubiläum steht an. Auch aktuelle Trends, Statistiken, Zeitungsmeldungen mit Bezug zu Ihrem Thema sind geeignete Aufhänger.

Oft liefern Kunden, Kollegen oder Mitarbeiter Geschichten. Je mehr Sie mit ihnen reden oder sie aktiv einbinden, desto eher werden genau diese Menschen die gemeinsam entwickelten oder erlebten Geschichten auch weitererzählen.

Sind Sie einmal sensibilisiert, stolpern Sie automatisch über neue Themen. Sie können sich eine kleine Stoffsammlung anlegen, ewig die gleichen Geschichten langweilen irgendwann. Bitte bedienen Sie keine Klischees und machen Sie sich nicht über andere lustig. Auch vor Übertreibungen, Selbstbeweihräucherungen oder dem kompletten Erfinden von Storys sei gewarnt.

Gute Geschichten können Sie überall einsetzen: Im Gespräch mit Kunden und Multiplikatoren, in den Texten für Ihre Website, in Broschüren oder Flyern, in Präsentationen oder auf Ihrem Messestand und natürlich in Ihrer Pressearbeit.

Ausdauer-Aufgabe:
Geschichten erzählen

◆ Bitte brainstormen Sie: Welche Themen, Anlässe und Aufhänger fallen Ihnen im Zusammenhang mit Ihrem Unternehmen und Ihrem Angebot ein? Zensieren verboten – lassen Sie Ihre Ideen frei fließen.

◆ Wenn Sie eine kleine Stoffsammlung haben, suchen Sie sich ein Thema aus.

◆ Schreiben Sie nun stichpunktartig eine Dramaturgie und halten Sie alle Details fest, die Ihnen wichtig und erzählenswert erscheinen. Sie müssen die Geschichte nicht schriftlich ausformulieren. Kopfarbeit oder lautes Aussprechen reicht.

◆ Erzählen Sie Ihre Unternehmensgeschichte einem geneigten Menschen und bitten Sie ihn um Feedback.

◆ Tragen Sie die Ideen für Ihre Unternehmensgeschichten in Ihren Empfehlungsmarketingplan ein.

Anspruchsvolle Voraussetzungen, deren Erarbeitung lohnt

Sie sehen, die Voraussetzungen für Empfehlungen sind anspruchsvoll und bedürfen zudem einer kontinuierlichen Prüfung und Weiterentwicklung. Mit Sicherheit wird nicht immer alles reibungslos und fehlerfrei funktionieren. Lassen Sie sich davon nicht abschrecken oder entmutigen. Nichts und niemand ist perfekt. Bleiben Sie dran und seien Sie versichert:

Je mehr Voraussetzungen Ihr Unternehmen erfüllt, desto mehr Neukunden werden Sie bequem über Empfehlung bekommen.

2 Wie Empfehlungen funktionieren

2.1 Der Empfehlungsprozess – ein Bühnenstück in mehreren Akten

Vorhang auf für Ihre Empfehlungsbühne. Es erwartet Sie ein Stück mit mehreren Akten und mit unterschiedlichen Beteiligten. Sie haben die Hauptrolle! Jetzt geht es darum, Empfehlungen aktiv voranzutreiben.

Die Szene: Auf der Bühne stehen Sie mit Ihrem herrlichen Obststand. Sie sind der Vermarkter. Seit heute haben Sie die hierzulande noch recht unbekannte „Namnam" im Sortiment – eine leckere, exotische Frucht.

Der Empfehlungsprozess – ein Bühnenstück in fünf Akten

Akt 1

Zuerst kommt Herr Meier, ein treuer Kunde, der Ihr stets frisches und ansprechend präsentiertes Angebot sowie Ihre Tipps und Rezepte schätzt. Er kauft wie immer zufrieden seine Äpfel – soweit nichts Besonderes. Aber heute lassen Sie ihn die Namnam probieren. Er findet sie lecker, nimmt gleich eine mit. Die Frucht isst Herr Meier in seinem Garten und ist begeistert. Als die Nachbarin Müller vorbeigeht, schwärmt er so sehr, dass Frau Müller am Folgetag auch unbedingt eine solch köstliche Frucht haben will.

Ende Akt 1. – Herr Meier ist nicht mehr nur Ihr Kunde, sondern nun auch aktiver **Empfehler**.

Akt 2

Frau Müller kommt zu Ihnen und kauft auch eine Namnam. Sie müssen nichts mehr erklären – prima, das spart Zeit und Mühe. Sie fragen, woher Frau Müller die Frucht kennt. Dann loben Sie Ihre neue Kundin und Herrn Meier als exzellente Feinschmecker, plaudern über das, was ihr sonst noch schmeckt, und bitten sie, auch anderen Gourmetfreunden von der Namnam zu erzählen.

Ende Akt 2. – Sehr gut! Sie haben nicht nur eine **Neukundin** gewonnen, sondern aktiv nachgefragt, wie Frau Müller auf Sie aufmerksam geworden ist. Haben gelobt, im Gespräch viel über Frau Müller erfahren und vor allem eine Weiterempfehlung aktiv angesprochen.

Akt 3
Sie schicken Herrn Meier zum Dank einen kleinen Namnam-Korb ins Büro. Er freut sich und teilt die Früchte mit seinen Kollegen, die gleich wissen wollen, wo es die Köstlichkeit gibt. Herr Meier berichtet von Ihrem Obststand sowie Ihren Tipps und Rezepten.

Ende Akt 3. – Sehr geschickt, denn Sie schlagen zwei Fliegen mit einer Klappe: Stammkundenpflege und ein cleveres Geschenk, das Herrn Meier erfreut und Sie bei Unbekannten ins Gespräch bringt, die ebenfalls bei Ihnen einkaufen werden. Sie sehen: Weiterempfehlung lohnt sich.

Akt 4
Dank des Erfolges strahlen Sie so sehr, dass Ihr Fitnesstrainer nachfragt, warum dem so ist. Sie erzählen ihm von Herrn Meier, Frau Müller und der Namnam. Und da der Trainer Ihre Geschichte so lustig findet und die Namnam so gesund ist, erzählt er anderen Fitnessstudio-Besuchern davon.

Ende Akt 4. – Sie haben einen **Multiplikator** gewonnen. Das ist Gold wert. Bald kaufen weitere neue Kunden bei Ihnen.

Akt 5
Und nun gehen Sie in die Vollen: Sie kreieren ein Namnam-Kuchenrezept und bieten es dem bekannten Gourmet Herrn Schmidt an. Dieser betreibt ein viel gelesenes Feinschmecker-Tagebuch im Internet. Er freut sich über Ihren Geheimtipp und schreibt darüber in seinem Blog. Dann bitten Sie Herrn Meier und Frau Müller, das Rezept zu testen und bei Gefallen im Internet positiv zu bewerten. Wow! Plötzlich steht gleich eine Schlange neuer Kunden vor Ihrem Stand.

Ende Akt 5. – Glückwunsch: Jetzt betreiben Sie aktives Empfehlungsmarketing mit Massenpotenzial und in beiden Welten, **offline und online**.

Grundlegend gibt es im Empfehlungsmarketing also drei Mitspieler: den Vermarkter, den Empfehler und den potenziellen Neukunden.

- Der Vermarkter, in unserem Beispiel sind Sie das, bietet etwas an und versucht, aktiv Empfehlungen zu stimulieren.
- Der Empfehler ist sozusagen der Überbringer Ihrer Botschaft und muss dabei nicht unbedingt Ihr Kunde sein. Er empfiehlt das Angebot des Vermarkters weiter, und zwar an
- den potenziellen Neukunden, der dann wiederum mit einem konkreten Interesse zu Ihnen kommt und – wenn Sie ihn überzeugen – zu Ihrem Stammkunden und neuen Empfehler wird.

Der Vermarkter hat die Möglichkeit, Empfehlungen in zwei Welten zu stimulieren:

- Offline (im „richtigen Leben", z.B. im Verkaufsgespräch)
- Online (im Internet, z.B. in einem Blog)

Offline werden Empfehlungen in der Regel im Gespräch zwischen zwei, selten mehreren Gesprächspartnern gegeben. Wenn Sie Glück haben, werden Sie in einem Vortrag oder in einer Präsentation empfohlen. Grundsätzlich jedoch verbreiten sich Empfehlungen offline eher von Mensch zu Mensch, also langsam. Ganz anders verhält es sich online:

Dank Internet und mobilen Technologien können sich Informationen kostengünstig und örtlich unbegrenzt in Windeseile an ein Massenpublikum verbreiten.

Es lässt sich nie wirklich abschätzen, wie viele Menschen die in einem Internetforum, Blog oder Newsletter veröffentlichten Artikel bzw. Meinungen und Bewertungen auf unzähligen Internetportalen lesen.
Viele Unternehmen unterschätzen nach wie vor, wie schnell es gehen kann, dass ein unzufriedener Kunde seine Meinung

veröffentlicht. Unterschätzt wird vor allem auch das große Potenzial und die Möglichkeiten, die die Onlinewelt gerade für das Empfehlungsmarketing bietet. Das wird in Kapitel 4 näher behandelt.

**Sprint-Aufgabe:
Selbst zum Empfehler werden**

Diese Aufgabe ist ganz einfach und sofort umsetzbar: Werden Sie selbst zum Empfehler, denn wer gute Empfehlungen gibt, den empfiehlt man auch gern weiter.

◆ Überlegen Sie sich zunächst zwei Produkte oder Leistungen, die Ihnen in letzter Zeit besonders gefallen haben. Das kann z.B. ein sehr gutes Restaurant oder ein besonderer Service eines Zulieferers sein.

◆ Schreiben Sie auf, was genau Ihnen so gut daran gefallen hat – das sind Ihre Argumente.

◆ Suchen Sie sich nun zwei Menschen aus, denen Sie die Leistungen weiterempfehlen möchten. Das Restaurant könnten Sie z.B. einem Freund empfehlen, den Zulieferer einem Kollegen.

◆ Erzählen Sie beiden noch heute von Ihrer tollen Erfahrung.

Vielleicht fällt Ihnen auch jemand ein, der kürzlich konkret nach etwas gesucht hat, und Sie haben jetzt einen Tipp für ihn? Noch besser! – Sensibilisieren Sie sich ab sofort dafür und bleiben Sie ein aktiver Empfehler.

Die Bühnengeschichte in fünf Akten zeigt schon sehr schön Ihren Nutzen als Vermarkter. Doch nicht nur Sie, sondern alle Beteiligten haben Vorteile. Empfehlungsmarketing erzeugt somit wirkliche Win-win-Beziehungen. Die Vorteile für alle Beteiligten finden Sie auf den folgenden Überblicksseiten aufgeführt.

Win-win: Vorteile für alle Beteiligten

Die Vorteile des Vermarkters

Kostengünstig und umfassend
Empfehlungsmarketing ist ein extrem kostengünstiges und umfassendes Marketinginstrument.

Senkung der bisherigen Vertriebs- und Marketingkosten
Da Empfehler Ihnen kostenlos zu Neukunden verhelfen, reduzieren Sie mittelfristig Ihre Vertriebs- und Marketingkosten – egal ob Sie selbstständig oder angestellt sind und egal wie groß Ihr Unternehmen ist.

Zeit- und Aufwandsersparnis im Erstgespräch mit dem potenziellen Neukunden
Das erste Gespräch mit dem Interessenten wird deutlich einfacher, denn Ihr Empfehler verkauft Ihr Angebot sozusagen vor. Das schafft einen Vertrauensvorsprung beim potenziellen Neukunden. Er entscheidet schneller, sie müssen weniger Überzeugungsarbeit leisten und in der Regel akzeptiert er auch Ihren Preis eher.

Kaltakquise ade
Zumindest reduzieren können Sie die oft gehasste Kaltakquise, denn ein begeisterter Empfehler kontaktiert entweder den potenziellen Neukunden selbst oder er vermittelt Ihnen qualifizierte Daten und wertvolle Informationen über ihn.

Unternehmens-Exzellenz immer im Fokus
Sie optimieren in Vorbereitung auf das Empfehlungsmarketing Ihr Leistungsangebot und Ihre Unternehmensprozesse und überwachen diese kontinuierlich – so sind absoluter Kundenfokus und stete Verbesserung garantiert.

Spannende Unternehmenskommunikation

Statt durch trockene Daten und Fakten verkaufen Sie Ihre Leistungen nun begeisternd und emotional ansprechend mit knackigen Botschaften und bemerkenswerten Geschichten, die gern weitererzählt werden. Das bringt auch gute Aufhänger für Ihre Pressearbeit und erfrischende Aspekte in jedes Kundengespräch – wirkt sich also positiv auf Ihre gesamte Unternehmenskommunikation aus.

Stete Imagepflege und Reputationsmanagement

Dank der wert- und nachhaltigen Voraussetzungen des Empfehlungsmarketings betreiben Sie ganz nebenbei hervorragende Imagepflege. Sie überwachen den guten Ruf Ihres Unternehmens.

Steuerung der Neukundenstruktur

Durch Empfehlungsmarketing können Sie sogar ein Stück weit steuern, welche Art von Neukunden zu Ihnen kommt. Gleich und gleich gesellt sich naturgemäß gern, und wenn Sie Empfehlungen vor allem bei Ihren Lieblingskunden aktiv stimulieren, kommen ähnliche Neukunden.

Stammkundenpflege und Bekanntheitssteigerung

Durch cleveres Bedanken beim Empfehler schlagen Sie gleich zwei Fliegen mit einer Klappe: Sie betreiben aktive Stammkundenpflege und kommen bei weiteren Unbekannten ins Gespräch.

Sogwirkung

Nachhaltig und clever betriebenes Empfehlungsmarketing macht Sie anziehend, löst einen Sog aus. Kunden kommen über Empfehlung von allein zu Ihnen.

Lob und Anerkennung

Und nicht zu vergessen: Sie bekommen Lob und Anerkennung von Ihren Kunden, denn nur begeisterte und überzeugte Kunden empfehlen weiter. Und das tut gut.

Vorteile für den Empfehler

Glücksgefühle

Menschen helfen gern. Gut, dass wir so angelegt sind. Durch eine Empfehlung wird wertvolle Hilfestellung gegeben. Der Empfehler verspürt selbst Freude, wenn er anderen damit hilft.

Anerkennung oder Bewunderung

Empfehler werden als up to date empfunden, als Kenner, Experten oder Trendsetter wahrgenommen – das schmeichelt den meisten. Sie glänzen als Insider mit guten Kontakten, zeigen, in welchen Kreisen sie verkehren.

Aufmerksamkeit und Dank

Findet die Empfehlung Anklang, bekommt der Empfehler Dank und Aufmerksamkeit – und zwar meist gleich von zwei Seiten: vom Vermarkter und vom Neukunden.

Positive Verstärkung des Selbstwertgefühls

Empfehler bekommen Vertrauen und Anerkennung geschenkt. Das stärkt das Selbstwertgefühl.

Tiefere Beziehungen

Die angebotene Hilfestellung intensiviert und vertieft die Beziehungen des Empfehlers, was ihm auch im geschäftlichen Sinne hilft.

Eigene Weiterempfehlungen

Empfehler werden oft selbst weiterempfohlen. Hier gilt im Positiven: „Wie du mir, so ich dir."

Vorteile für den potenziellen Neukunden

Zeitersparnis
Er spart wertvolle Zeit, denn dank der Empfehlung braucht er sich nicht durch die Angebote zahlreicher Firmen zu wühlen.

Orientierung
Die Empfehlung ist sozusagen Licht und Führung im Informationsdschungel. Der potenzielle Neukunde kann konkret nachfragen, welche Erfahrung der Empfehler gemacht hat.

Entscheidungssicherheit
Durch fundierte Erfahrungsberichte oder Bewertungen gewinnt er Vertrauen und Entscheidungssicherheit.

Vermeidung von Fehlkäufen
Das Risiko eines Fehlkaufs verringert sich, schließlich hat der Empfehler das Produkt ja schon ausprobiert und für gut befunden.

Optimaler Geldeinsatz
Er verschwendet kein Geld, sondern wählt ohne Herumprobieren gleich bereits Bewährtes.

Tiefere Beziehungen
Und natürlich vertieft sich auch für ihn die Beziehung zum Empfehler.

2.2 Empfehler unter die Lupe genommen

Im Seminar erhalte ich auf die Frage, wer ein potenzieller Empfehler sein könnte, oft die Antwort: „Jeder, schließlich könnte jeder jemanden kennen, der meinen potenziellen Kunden kennt." Da hat das Netzwerkmarketing in den letzten Jahren einen guten Job gemacht. Und das ist ja auch grundsätzlich nicht falsch.

> Strategisch sinnvoll aber ist es, die für Sie infrage kommenden Empfehler konkret zu definieren und die Zielgruppen zu priorisieren.

Ihre Zeit ist wertvoll, daher sollten Sie sie also zielgerichtet einsetzen!

Die verschiedenen Empfehlerzielgruppen

Kunden

Da sind zunächst Ihre Kunden, insbesondere Ihre Stammkunden. Sie sind Ihre viel versprechendste Empfehlerzielgruppe mit fundierter Erfahrung. Schließlich kennen sie Ihr Angebot genau, haben es ausprobiert und für gut befunden. Wenn Ihre Kunden Sie weiterempfehlen, dann hat das Hand und Fuß.

> Deshalb gehört regelmäßige und aktive Kundenpflege zum Besten, was Sie in Sachen Empfehlungsmarketing tun können.

Und das ist ja nicht nur aus Empfehlungssicht eine gute Maßnahme, denn in der Regel ist es billiger, Stammkunden zu halten, als Neukunden zu akquirieren.

Sich bei Stammkunden regelmäßig wieder in Erinnerung zu bringen und diese Beziehungen besonders zu pflegen, bringt neben dem „Im-Kopf-bleiben-Effekt" oft auch Empfehlungen ganz ohne aktive Stimulation.

Mitarbeiter

Die nächste nahe liegende Empfehlerzielgruppe sind Ihre Mitarbeiter. Zufriedene – auch hier wieder besser: begeisterte – Mitarbeiter sind nicht zu unterschätzende potenzielle Empfehler.

Wenn sich Ihre Mitarbeiter wohl fühlen und gern für Ihr Unternehmen arbeiten, erzählen sie dies ohne Ihr Zutun ganz von allein weiter und empfehlen mit Stolz Ihre Produkte oder Leistungen.

Kollegen und Geschäftspartner

Kollegen und Geschäftspartner, z.B. Lieferanten, Ihre Kooperationspartner, aber auch Marketingagenturen, Steuerberater oder Ihr Rechtsanwalt sind ebenfalls potenzielle Empfehler.

Aktivieren Sie diese Menschen, sprechen Sie sie direkt auf Empfehlungen an. Vor allem, wenn diese grundsätzlich die gleichen Ziele verfolgen wie Sie und die Empfehlung auch ihnen nützt.

Mitbewerber

Es mag zunächst komisch klingen, aber auch Ihre Mitbewerber können potenzielle Empfehler sein.

Angenommen Sie sind Bewerbungstrainer und haben sich auf Assessment-Center-Trainings spezialisiert. Nun können Sie Kollegen recherchieren, die genau diese Spezialisierung *nicht* anbieten. Diese kontaktieren Sie telefonisch oder per E-Mail, stellen sich und Ihre Leistung kurz vor und bitten um Empfehlung bei Anfragen speziell zu Assessment-Center-Trainings. Dafür müssen Sie keine Gegenleistung erbringen, denn auch hier helfen Sie dem anderen.

Den meisten ist es lieber, bei Anfragen, die sie nicht selbst erfüllen können, auf einen kompetenten Kollegen zu verweisen, als einen potenziellen Kunden komplett im Regen stehen zu lassen.

Empfehler aus sich ergänzenden Geschäftsfeldern

Interessant sind auch Empfehler aus sich ergänzenden Geschäftsfeldern.

Wenn Sie Florist sind und Hochzeitsarrangements anbieten, könnten Sie z.B. einen Bäcker ausfindig machen, der wiederum für seine herrlichen Hochzeitstorten bekannt ist. Kontaktieren Sie ihn und bitten Sie um Empfehlung. Eine praktische Win-win-Geschichte, denn hier können Sie sich gegenseitig empfehlen.

Suchen Sie also ab sofort bewusst nach derartigen Möglichkeiten. Gehen Sie auf Ihre Mitstreiter zu und treiben Sie so Ihr Empfehlungsgeschäft aktiv voran.

Multiplikatoren

Multiplikatoren sind eine besonders spannende Empfehlerzielgruppe, denn sie treffen auf viele Menschen, sind kommunikativ und hervorragend vernetzt. Der Fitnesstrainer aus dem obigen Namnam-Beispiel ist so einer. Multiplikatoren stehen in der Öffentlichkeit, ihre Meinung wird geschätzt, oft sind sie Experten auf einem Gebiet.

Sie müssen Ihre potenziellen Multiplikatoren aktuell noch gar nicht persönlich kennen. Recherchieren Sie – passend zu Ihrem Geschäftsfeld – Menschen wie Herrn Schmidt, unseren Gourmet mit seinem Feinschmecker-Blog. Überlegen Sie, was Sie ihnen anbieten können. Solche Leute sind ständig auf der Suche nach neuen, spannenden Themen. Auch Friseure oder Physiotherapeuten können gute Multiplikatoren sein. Sie kommen mit vielen Menschen zusammen und sprechen während der Arbeit mit ihren Kunden, brauchen also ständig Gesprächsstoff. Journalisten, Trainer, Betreiber von Internetforen, Newslettern oder eben Blogs gehören ebenfalls zu dieser Gruppe. Und hier lohnt es sich, seine verschiedenen geschäftlichen und privaten Netzwerke gezielt durchzugehen. Denken Sie auch an Leute, die mit Ihnen Seminare besucht haben, an Ihren Nachbarn oder an ehemalige Schulkameraden.

Ausdauer-Aufgabe:
Empfehlerzielgruppen definieren

◆ Legen Sie eine Empfehler-Datenbank an oder erweitern Sie Ihre Kundendatenbank. Vermerken Sie neben den Namen und Kontaktdaten auch, mit welchen Geschichten Sie die jeweilige Person ansprechen wollen.

◆ Überlegen Sie, welche der vorgenannten Gruppen für Ihr Unternehmen sinnvolle Empfehler sind. Fangen Sie mit Ihren Stammkunden an, gehen Sie Mitarbeiter, Geschäftspartner usw. durch.

◆ Überlegen Sie insbesondere, welche Multiplikatoren Sie kennen und was Sie ihnen „anbieten" können. Und recherchieren Sie weitere infrage kommende Multiplikatoren im Internet. Hier geht es nicht um vage Listen à la „alle Xing-Partner" oder „jeden Golf-Club-Kollegen", sondern um konkrete Personen.

◆ Priorisieren Sie anschließend Ihre Empfehlerzielgruppen. Welche Personen bzw. Gruppen haben das meiste Potenzial?

◆ Bitte tragen Sie Ihre priorisierten Zielgruppen in Ihren Empfehlungsmarketingplan ein.

Verschiedene Empfehlertypen

Schauen wir uns nun den Empfehler aus einer anderen Perspektive an.

Zunächst einmal gibt es aktive und passive Empfehler. Die aktiven Empfehler erzählen, mehr oder weniger gezielt, von positiven Erfahrungen, die sie gemacht haben. Dazu gehören beispielsweise mitteilungsfreudige oder hilfsbereite Personen, die die Fragen ihrer Mitmenschen in Internetforen beantworten.

Die passiven Empfehler müssen erst einmal aktiviert werden. Von sich aus kämen sie nicht unbedingt auf die Idee, etwas zu empfehlen. Das bedeutet nicht, dass dies introvertierte oder wortkarge Menschen sein müssen. Die dahinter steckenden Gründe können unterschiedlicher Natur sein:

- Einige scheuen die Verantwortung, die sie glauben zu übernehmen,
- andere empfehlen nur gegen Geld.

Die passiven Empfehler müssen Sie also nachhaltig überzeugen und motivieren. Wie bewerkstelligen Sie das am besten?

Wie Sie gesehen haben, hat auch der Empfehler Vorteile dadurch, dass er Ihre Produkte oder Leistungen Dritten anrät. Er bekommt Aufmerksamkeit, Anerkennung und Bewunderung. Seine Beziehungen vertiefen sich in zwei Richtungen – zum einen zu Ihnen, zum anderen zu Ihrem potenziellen Neukunden. Der Empfehler erhält nicht nur doppelten Dank und manchmal Präsente, sondern erhöht auch seine Chancen auf eigene Weiterempfehlungen. Das bringt Freude und hebt das Selbstwertgefühl.

Wenn Sie auf Ihre potenziellen Empfehler zugehen und aktiv Empfehlungen stimulieren wollen, sollten Sie deren Ziele kennen und sie bei ihren Motiven packen.

So können Sie Empfehler individuell überzeugen, was Ihre Aussicht auf Erfolg deutlich erhöht.

Ausgehend von den verschiedenen Zielen und Triebfedern lernen Sie im Folgenden sechs Empfehlertypen kennen, die in Reinform sicherlich so nicht existieren. Dennoch wird Ihnen die nachfolgende Typologie helfen, sich besser in Ihre potenziellen Empfehler hineinzuversetzen. Durch aktives Zuhören, aufmerksame Beobachtung sowie etwas Gespür können Sie erkennen, zu welcher Gruppe Ihr Gegenüber gehört, und ihn entsprechend motivieren und überzeugen.

Die Empfehlertypologie

Der wohlwollende Unterstützer

Der wohlwollende Unterstützer ist ein kommunikativer, toleranter und freundlicher Zeitgenosse. Er hat einen hohen Qualitätsanspruch und liebt Win-win-Ergebnisse. Er pflegt intensive Beziehungen und Freundschaften und es bereitet ihm Freude, Menschen zu fördern und zu beraten. Als geschäftstüchtiger Mensch schätzt er es, selbst weiterempfohlen zu werden.

Aufgrund seiner Hilfsbereitschaft rät er anderen schon ganz ohne Aufforderung oder Bitte eines Vermarkters Produkte oder Leistungen an. Er empfiehlt, was ihn überzeugt oder begeistert. Nicht immer muss er dabei das Produkt oder die Leistung selbst ausprobiert haben. Manchmal genügt es, wenn er den dahinter stehenden Vermarkter für kompetent und vertrauenswürdig hält.

> **So machen Sie ihn zum Empfehlungsgeber**
>
> Sprechen Sie ihn offen auf Ihren Empfehlungswunsch an, wenn Sie sehen, dass er von Ihrem Angebot überzeugt ist oder Ihnen vertraut. In der Regel wird er es tun. Er ist nicht bestechlich und erwartet keine Belohnung – schätzt aber sehr wohl Ihren Dank.

Der wissbegierige Profilierer

Der wissbegierige Profilierer ist mitteilungsbedürftig, neugierig und deshalb bemüht um viele Kontakte. Er profiliert sich meist mit einem Spezialgebiet. Er kann ein Sparfuchs sein und weiß immer, wo etwas am billigsten ist. Oder er ist Mobilfunkfanatiker und kennt alle Endgeräte, Netze und Anbieter aus dem Effeff.

Der wissbegierige Profilierer will als Experte wahrgenommen werden und hat ein hohes Bedürfnis nach Bewunderung und Anerkennung. Sein Selbstwertgefühl streicheln all die, die er mit seinem Wissen beglücken kann. Übrigens ist er aufgrund seines ausgeprägten Netzwerkes oft ein ausgezeichneter Multiplikator.

Er ist ein aktiver Empfehler. Der Satz „Da hab ich einen Tipp für dich" ist typisch für ihn und zeigt, dass er auch ohne aktive Stimulation von Vermarktern Produkte und Leistungen anpreist. Übrigens empfiehlt er auch Dinge, die er nicht selbst probiert hat. Es gilt das Motto: „Seht her, was ich alles kenne und weiß." Am allerliebsten aber gibt er Geheimtipps und Neuigkeiten weiter, glänzt er dabei doch nicht nur mit seinem Wissen, sondern auch mit seinen guten Kontakten.

So machen Sie ihn zum Empfehlungsgeber

Indem Sie eine gute Beziehung zu ihm pflegen und ihm Vorabinformationen und Geheimtipps vermitteln – am besten gespickt mit spannenden Aufhängern oder Geschichten. Materielle Anreize oder Dankesgeschenke sind weniger interessant. Bedanken Sie sich für Empfehlungen lieber mit einer Neuigkeit.

Der harmoniebedürftige Beziehungsförderer

Der harmoniebedürftige Beziehungsförderer ist ein kontaktfreudiger, toleranter und hilfsbereiter Menschenfreund. Er ist ausgleichend, teamorientiert und tut alles für ausgewogene Beziehungen.

Es macht ihn glücklich, anderen zu helfen. Und sein Bedürfnis nach Harmonie führt dazu, dass er nichts abschlagen kann – was ihn zu einem leicht gewonnenen Empfehler macht. Was er verspricht, wird er halten. Weiterempfehlen wird er aber nur, was er kennt und mag – schließlich will er anderen damit helfen und Gutes tun.

Den harmoniebedürftigen Beziehungsförderer gewinnen Sie – nachdem Sie ihn von Ihrer Leistung überzeugt haben – durch eine klar formulierte Empfehlungsbitte. Ein materieller Anreiz für Empfehlungen würde ihn beleidigen. Persönlichen Dank hingegen schätzt er sehr. Das wird ihn zu weiteren Empfehlungen beflügeln. Wenn Sie ihm ein Geschenk machen, sollte es nur eine kleine Aufmerksamkeit sein.

Der eigennützige Materialist

Der eigennützige Materialist ist, wie der Name schon sagt, vorrangig an Geld, Geschenken oder sonstigen Incentives interessiert. Fragen wie „Was krieg ich denn dafür?" und „War es sein Geld wert?" sind typische Indikatoren für diesen Typ.

Er gehört grundsätzlich zur passiven Gruppe und empfiehlt nur, wenn er im Gegenzug etwas bekommt. Kriegt er seine gewünschte Belohnung, wird er zum aktiven Empfehler, solange er glaubt, dass sein Aufwand entsprechend honoriert wird. Er bewirbt dann so ziemlich alles, was ihm angetragen wird, egal ob er es ausprobiert hat oder nicht. Auch die Glaubwürdigkeit oder der Ruf eines Vermarkters sind ihm einerlei.

So machen Sie ihn zum Empfehlungsgeber

Finden Sie heraus, was er will, und überlegen Sie, ob Aufwand und Nutzen in einem positiven Verhältnis zueinander stehen. Sagen Sie ihm, was er mit welchen Worten empfehlen soll. Sonst besteht möglicherweise die Gefahr, dass er über die Stränge schlägt und wie eine bezahlte Werbemaschine wirkt – und das will kein potenzieller Kunde hören. Geschenke nimmt er gern. Das motiviert ihn durchaus zu weiteren Empfehlungen.

Der vorsichtige Skeptiker

Der vorsichtige Skeptiker ist ein kritischer Verbraucher und generell schwer zu begeistern. Möglicherweise ist er introvertiert, wortkarg oder gar ein Einzelgänger – das muss aber nicht sein. Er ist nur mäßig vernetzt und definitiv kein Multiplikator.

Von sich aus empfiehlt er nicht. Nur wenn ihm nahe stehende Menschen wirklich Hilfe brauchen oder ihm einen Tipp quasi aus der Nase ziehen, nennt er Dinge, die er selbst ausprobiert und für gut befunden hat, bzw. Vermarkter, die er schätzt. Er empfiehlt „ohne Gewähr", will keine Verantwortung übernehmen.

So machen Sie ihn zum Empfehlungsgeber

Er ist ein Empfehlungsmuffel erster Güte und für Vermarkter eine sehr harte Nuss. Die einzige Motivation für ihn liegt in einer sehr guten Beziehung zu Ihnen. Er ist vielleicht ein Freund oder Familienangehöriger, zumindest aber ein langjähriger zufriedener Kunde. Bevor er empfiehlt, müssen Sie viel Überzeugungsarbeit leisten und ihm Zeit lassen. Wenn Sie Pech haben, wird er trotzdem immer passiv bleiben. Materielle Anreize aller Art sollten Sie unbedingt bleiben lassen, er würde sich sofort bestochen fühlen. Für eine zustande gekommene Empfehlung bedanken Sie sich am besten persönlich und mit Worten, die Ihre Verbundenheit ausdrücken.

Der berechnende Karrierist

Der berechnende Karrierist ist ein ehrgeiziger, zielstrebiger und durchaus materiell orientierter Typ. Er ist gut vernetzt, hat meist eine höhere Position inne oder strebt sie zumindest an. Diese Menschen schmücken sich gern mit Statussymbolen und ihrem prominenten Netzwerk. Sie genießen die Aufmerksamkeit, die sie erregen.

In Bezug auf Empfehlungen ist der berechnende Karrierist sowohl aktiv als auch passiv – je nachdem, wie es ihm nützt. Wie überall berechnet er auch hier die Auswirkungen sehr genau. Da er gern zeigt, in welchen Kreisen er verkehrt, empfiehlt er jeden weiter, der Rang, Namen oder Status hat. Es sei denn, derjenige könnte ihm den seinen ablaufen oder seine Position gefährden.

Fördert eine Empfehlung seine Karriere, setzt er alles daran, einen guten Vermarkter vorzuschlagen. Das kann z.B. ein externer Berater sein, dessen Leistung auch ihn glänzen lässt. Oder er empfiehlt, um selbst weiterempfohlen zu werden. Geheimtipps gibt er übrigens eher nicht weiter, sondern hält sie gern in dem kleinen auserwählten Kreis, zu dem er sich selbst zählt.

So machen Sie ihn zum Empfehlungsgeber

Diesen Typ machen Sie zum aktiven Empfehler, indem Sie seinem Ego schmeicheln, ihm gute Kontakte vermitteln oder durch Ihre Leistung seine Karrierechancen fördern. Einen materiellen Anreiz braucht er nicht. Der einfache Dank für eine Empfehlung lässt ihn kalt. Geschenke nimmt er gern.

Sprint-Aufgabe:
Empfehlertypen konkrete Personen zuordnen

◆ Ordnen Sie jedem Empfehlertyp eine Person zu, die Sie persönlich kennen.

◆ Schreiben Sie stichpunktartig auf, welche Argumente oder Maßnahmen diese Personen zu einer Weiterempfehlung bewegen könnten.

2.3 Der Umgang mit Empfehlern und potenziellen Neukunden

Haben Sie einen Empfehler gewonnen, gibt es zwei Möglichkeiten, wie dieser Sie mit dem potenziellen Neukunden in Verbindung bringt:

1. Er kontaktiert ihn selbst und empfiehlt Sie weiter, überbringt im besten Fall Ihre Informationsmaterialien, ein individuelles Angebot oder eine Produktprobe.
2. Der Empfehler gibt Ihnen die Daten des potenziellen Neukunden und Sie nehmen direkt Kontakt zum Empfohlenen auf.

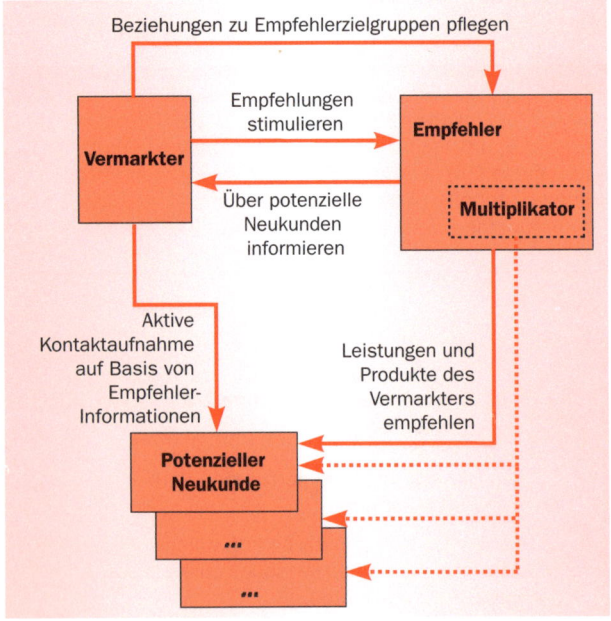

Der Empfehlungsprozess und seine Beteiligten

Variante 1 ist die effektivste und bequemste Form für Sie. Der Empfehler verkauft Ihre Leistung vor, teilt dem potenziellen Neukunden seine Erfahrungen, vielleicht auch weitere Informationen wie Preis oder Kaufbedingungen mit. Der potenzielle Neukunde kommt gut informiert und vielleicht schon mit einer klaren Kaufentscheidung auf Sie zu. Sie genießen den Vertrauensvorschuss, sparen Zeit und Überzeugungsarbeit. Kommt der potenzielle Neukunde nicht von sich aus, sollten Sie beim Empfehler nachhaken. Hat ein Multiplikator die Empfehlung z.B. in einem Vortrag an viele Menschen gerichtet, ist das natürlich nicht möglich.

Bekommen Sie hingegen nach Variante 2 vom Empfehler einen konkreten Namen und entsprechende Kontaktdaten von einem potenziellen Neukunden, müssen Sie selbst aktiv werden. Fragen Sie hier in jedem Fall nach, ob Sie sich auf Ihren Empfehler beziehen dürfen, also seinen Namen und gegebenenfalls seine Kaufmotive nennen können. Das erleichtert Ihnen den Gesprächseinstieg zum Neukunden enorm. Möchten Empfehler jedoch anonym bleiben, müssen Sie diesen Wunsch unbedingt respektieren. Kontaktieren Sie den potenziellen Neukunden möglichst bald und fassen Sie noch ein- bis zweimal nach, wenn er sich nicht von sich aus wieder bei Ihnen meldet.

Der Kontakt zu potenziellen Neukunden

Wenn ein potenzieller Neukunde Sie kontaktiert, sollten Sie immer fragen, wie er auf Sie aufmerksam geworden ist. Stellen Sie also die „Herkunftsfrage". Das bringt Ihnen drei Vorteile:

◆ Kommt er über Empfehlung, vereinfacht es das Erstgespräch mit ihm ungemein – mehr dazu gleich.
◆ Es ist generell eine gute Möglichkeit der Akquise- und Werbe-Erfolgskontrolle.
◆ Die Herkunftsfrage ist die Basis für die Ermittlung der Empfehlungsrate – mehr dazu später in Kapitel 2.4.

Sind Sie nun also mit einem potenziellen Neukunden im Erstgespräch und dieser ist über eine Empfehlung zu Ihnen gekommen, sollten Sie ihm zwei weitere Fragen stellen: Zum einen, *wer* Sie empfohlen hat, und zum anderen, *was genau* empfohlen wurde.

Die Frage danach, wer Sie empfohlen hat, lässt Rückschlüsse auf die Empfehlerzielgruppe zu und hilft Ihnen so bei der Empfehlungsmarketingplanung. Kennen Sie darüber hinaus den Empfehler persönlich, sollten Sie das Gespräch zunächst auf diesen lenken. Versuchen Sie z.B. herauszufinden, in welchem Verhältnis Ihr Gesprächspartner zum Empfehler steht, woher er ihn kennt usw.

Alle gewonnenen Informationen lassen interessante Rückschlüsse auf Ihren potenziellen Neukunden zu, die Sie geschickt bei der weiteren Gewinnung des Kunden einsetzen können.

Und generell vertieft ein interessiertes und angenehmes Gespräch natürlich die Beziehung zum ihm.

Die Frage danach, was genau empfohlen wurde, wiederum zeigt, woran der Neukunde besonders hohe Erwartungen stellt. Auch hier sollten Sie versuchen, weiter nachzuhaken und so viel wie möglich herauszufinden. Je mehr Sie wissen, desto besser können Sie die Erwartungen des neuen Kunden erfüllen oder gar übertreffen.

Enttäuschen Sie den potenziellen Neukunden jedoch, ist die Gefahr groß, dass Sie nicht nur ihn verlieren, sondern auch Ihren Empfehler.

Sie sollten immer damit rechnen, dass dieser von Unzufriedenheiten oder gar Mängeln erfährt. Er wird Sie dann nicht noch einmal empfehlen.

Wenn Sie es schaffen, den neuen Kunden zu überzeugen und zu begeistern, haben Sie gleich wieder einen potenziellen Empfehler dazugewonnen.

Nicht vergessen: dem Empfehler danken

Eine wichtige Funktion im Empfehlungsprozess hat das Bedanken beim Empfehler. Geben Sie ihm auf jeden Fall eine persönliche und wertschätzende Rückmeldung. Das muss nicht immer gleich ein Geschenk sein – ein Telefonat oder eine handgeschriebene Karte reichen schon aus. Bedanken Sie sich aber auf jeden Fall individuell. Ein standardisiertes Dankesschreiben mag auf den ersten Blick zwar effizient erscheinen, erzielt aber eher eine gegenteilige Wirkung. Vergessen Sie nicht:

Durch einen angemessenen Dank vertiefen Sie Ihre Beziehung zum jeweiligen Empfehler.

Bei Kunden betreiben Sie ganz nebenbei Stammkundenpflege. Aber ganz gleich, ob der Empfehler Ihr Mitarbeiter, ein Multiplikator oder Nachbar ist – jeder wird sich über ein Dankeschön freuen. Und es wird ihn vor allem beflügeln, weitere Empfehlungen für Sie auszusprechen.

Ein Dankeschön mit einem kleinen Geschenk zu verbinden, ist eine gute Sache. Aber bitte schenken Sie immer individuell. Übliche Werbegeschenke aller Art machen nicht viel Eindruck.

Wie Sie im „Namnam-Beispiel" mit dem Obstkorb schön sehen können, kann Sie geschicktes Bedanken sogar gleich wieder bei Unbekannten ins Gespräch bringen und weitere Empfehlungen auslösen.

Wählen Sie dafür Geschenke aus, die viele Menschen mögen und die gern geteilt werden, z.B. Pralinen. Schicken Sie das Präsent dann direkt an den Arbeitsplatz Ihres Empfehlers, vielleicht ja zusammen mit einer netten Karte, auf der steht: „Guten Appetit wünscht Ihnen und Ihren Kollegen Ihr Lieblingsobsthändler."

Aber Achtung: Mitarbeiter mancher Unternehmen dürfen keine bzw. nur Geschenke bis zu einem gewissen Wert annehmen. Bitte nehmen Sie es daher nicht persönlich, wenn ein Dankeschön mal zurückgewiesen werden sollte.

Und denken Sie daran, den Dankesakt auch in Ihrer Datenbank zu vermerken, so verlieren Sie nicht die Übersicht und schicken nicht zweimal das Gleiche.

Sprint-Aufgabe:
Dankes-Ideen für Empfehler

◆ Überlegen Sie, wie und womit Sie sich bei Ihren Empfehlern bedanken. Was könnte Freude bereiten?

◆ Wenn Sie etwas schenken wollen, suchen Sie nach einem Geschenk, das nicht die Welt kostet und möglichst einen Bezug zu Ihrem Unternehmen hat. Sie können sich auch mit Gutscheinen bedanken, z.B. kann ein Masseur eine zehnminütige Fuß- oder Handmassage als Extra beim nächsten Besuch schenken.

Incentivierung von Empfehlungen

Nur wenige Menschen empfehlen ausschließlich dann, wenn sie dafür bezahlt werden oder ein Incentive bekommen.

Und Sie sollten gut überlegen, ob es Ihnen langfristig wirklich etwas bringt, Incentives zu verteilen.

Zwar ist es in manchen Unternehmen durchaus üblich, den Empfehler mit Geld, größeren Sachgeschenken oder Reisen zu ködern. Doch kann das schnell einen negativen Beigeschmack beim Neukunden auslösen. Im schlimmsten Fall vergraulen Sie ihn wieder, wenn er von der Incentivierung in irgendeiner Weise erfährt. Von Vertrauen kann keine Rede mehr sein, alle oben genannten Vorteile des Empfehlers sind infrage gestellt. Wer weiß schon, ob der durch Incentives geköderte Empfehler von der angepriesenen Leistung tatsächlich so begeistert ist, wie er behauptet, oder ob ihn nicht schlicht die vom Vermarkter angekündigte Prämie lockt?

2.4 Die Empfehlungsrate ermitteln

Mit der Empfehlungsrate finden Sie heraus, wie viel Prozent Ihrer Neukunden über Weiterempfehlung zu Ihnen gekommen sind. Wenn Sie versuchen, alle Wege der kontinuierlichen Neukundenbefragung auszuschöpfen, können Sie so den Erfolg Ihres Empfehlungsmarketingplans messen.
Es gibt es zwei Möglichkeiten, die grundlegenden Daten für die Empfehlungsrate zu erhalten:
1. über eine Neukundenbefragung in Form einer Umfrage, ähnlich wie in Kapitel 1 beschrieben, oder
2. durch kontinuierliche Neukundenbefragung, indem Sie die Herkunftsfrage überall einbinden.

Der Vorteil von Variante 1 ist, dass Sie neben der Herkunftsfrage auch ermitteln können, wer empfohlen hat und was empfohlen wurde. Befragen Sie, wenn Sie sich für diese Variante entscheiden, eine ausreichend große Zahl an Neukunden, um einen aussagekräftigen Wert zu erhalten. Die Umfrage wiederholen Sie dann in regelmäßigen Abständen, um die Steigerung festzustellen.

Variante 2, also der kontinuierliche Befragungsweg, hat den Vorteil, dass er – sind die Grundsteine erst einmal gelegt – weniger aufwändig ist. Allerdings sind die Ergebnisse nicht unbedingt so genau wie bei einer gut durchgeführten Umfrage. Sie gehen dafür folgendermaßen vor:

◆ Stellen Sie ab sofort in jedem Neukundengespräch die Herkunftsfrage.

◆ Vermerken Sie die Ergebnisse aus mündlichen Gesprächen in einer Tabelle, so gehen diese Antworten nicht verloren.

◆ Integrieren Sie die Herkunftsfrage darüber hinaus in alle Frage- oder Anmeldebögen bzw. Registrier-Formulare. Und zwar sowohl offline als auch online.

◆ Soll der Kunde schriftlich, z.B. auf einem Anmeldeformular, antworten, können Sie eine Auswahlliste zum Ankreuzen einbauen. Im Internet eignet sich ein Pulldownmenü (Aufklappmenü) mit Auswahlmöglichkeiten, in dem Sie alle Wege aufführen, auf denen ein Kunde zu Ihnen gekommen sein kann, z.B. Anzeige, Zeitschriftenartikel, Empfehlung usw.

Werten Sie die Quellen regelmäßig in gleichen zeitlichen Abständen aus. Ermitteln Sie dann den Anteil an Neukunden über Empfehlung anhand folgender Formel:

$$\text{Empfehlungsrate in \%} = \frac{\text{Anzahl der über Empfehlung gekommenen Neukunden}}{\text{Anzahl der Gesamtneukunden x 100}}$$

Das Ergebnis dieser Rechnung ist Ihre Empfehlungsrate, die bei konsequentem und nachhaltig betriebenem Empfehlungsmarketing stetig steigen wird.

Um die Steigerung herauszufinden und somit den Erfolg Ihres Empfehlungsmarketingplans festzustellen, ermitteln Sie nach frühestens sechs Wochen die Empfehlungsrate erneut.

Die Steigerung ergibt sich aus der Differenz zwischen der neuen Rate und Ihrer Basisrate.

Richt- oder Durchschnittswerte für Empfehlungsraten gibt es aufgrund branchen- und unternehmensspezifischer Gegebenheiten nicht. Die Höhe ist zudem von der jeweiligen Vertriebs- und Marketingstrategie abhängig.

Beispiele

- Frau von Schönberg mit ihrer Papierwerkstatt aus Kapitel 1 hat eine Empfehlungsrate von 100 %.
- Die Münchner Unternehmensberatung CXO-Network, die auf Interim- und Krisenmanagement spezialisiert ist, nennt 90 %.
- Ein Wellnesshotel in Warnemünde ermittelte durch eine Neukundenbefragung, dass im Vergleich zu seinen sonstigen Akquise- und Marketingmaßnahmen 28 % der Neukunden durch Empfehlung kamen.

Wiederholen Sie die Messung in Zukunft regelmäßig, z.B. einmal pro Quartal, und zwar stets mit der gleichen Erhebungsmethode, das ist wichtig für einen aussagekräftigen Steigerungswert.

Bitte gehen Sie nicht mit dem Anspruch hundertprozentig exakter Werte an die Ermittlung der Empfehlungsrate heran. Nicht alle Neukunden werden die Herkunftsfrage beantworten wollen. Und dies zum Beispiel im Internet durch eine Muss-Antwort zu erzwingen, ist nicht sinnvoll. Kunden geben dann einfach irgendetwas an oder klicken auf das erstbeste Feld in der Liste. Solche Antworten sind wertlos.

Die Empfehlungsrate gibt Ihnen einen klaren Indikator, wo Sie in Sachen Empfehlungsmarketing stehen. Die Steigerung wiederum zeigt Ihnen den Erfolg Ihrer Empfehlungsstimulationen im Laufe der Zeit. Und wenn Sie engen Kontakt zu Ihren Kunden halten und die Herkunftsfrage konsequent stellen, wird Ihnen der Erfolg Ihrer empfehlungsstimulierenden Aktionen so oder so nicht entgehen.

**Ausdauer-Aufgabe:
Ermittlung der Empfehlungsrate
und Zieldefinition**

Sie schaffen nun die Grundlagen für die kontinuierliche Ermittlung Ihrer Empfehlungsrate und legen ein Steigerungsziel fest.

◆ Erfassen Sie alle für Ihr Unternehmen relevanten Wege, auf denen ein Neukunde zu Ihnen kommen kann, z.B. „Besuch eines Vertriebsmitarbeiters", „Zufällig beim Schlendern in der Einkaufsstraße" oder „Über eine Anzeige in einer Zeitschrift" – und natürlich „Über Empfehlung".

◆ Überlegen Sie, wo Sie die Herkunftsfrage einbinden können.

◆ Setzen Sie alle Befragungsmöglichkeiten um, schaffen Sie die Basis für eine kontinuierliche Befragung. Denken Sie daran, ab sofort auch jeden Neukunden im Gespräch zu fragen, wie er auf Sie aufmerksam wurde.

◆ Falls Sie schon Kundenherkunftsdaten erheben, werten Sie diese bitte jetzt aus und ermitteln Sie Ihre aktuelle Empfehlungsrate. Sollten Sie in der Lage sein, den Wert einigermaßen sicher einzuschätzen, schreiben Sie diese Zahl auf. Wenn nicht, setzen Sie einfach Null an. Es geht ja um eine messbare, dauerhafte Steigerungsermittlung und irgendwo müssen Sie anfangen. Alternativ können Sie auch eine Neukundenbefragung durchführen.

◆ Definieren Sie Ihre konkreten Ziele in Bezug auf die Steigerung Ihrer Empfehlungsrate. Beispiel: Ich will meine Empfehlungsrate bis zum 30.06. von 40 % auf 45 % erhöhen.

◆ Legen Sie das Datum für die Erfolgskontrolle fest und tragen Sie es zusammen mit dem gesetzten Ziel in Ihren Empfehlungsmarketingplan ein.

3 Das Empfehlungs-anliegen formulieren und einbringen

In diesem Kapitel erfahren Sie, wie Sie am besten gezielt mit potenziellen Empfehlern und Multiplikatoren kommunizieren, um Ihr Empfehlungsanliegen optimal einzubringen (Kap. 3.1 und 3.2).

Außerdem erhalten Sie Tipps und Informationen dazu, wie Sie Ihr Empfehlungsanliegen in Ihre Standardkommunikation integrieren können (Kap. 3.3).

3.1 Empfehlungsanliegen für Gespräche formulieren

Um Ihr Empfehlungsanliegen erfolgreich bei Kunden, Geschäftspartnern oder Multiplikatoren anzusprechen, sollten Sie sich individuell abgestimmte Fragen, Bitten oder Aufforderungen gezielt überlegen und ausformulieren.

Die eine perfekte und überall anwendbare Empfehlungsformulierung gibt es nicht. Der Satz „Bitte empfehlen Sie uns weiter" ist zwar oft zu hören, gibt aber Ihrem Gegenüber eher das Gefühl, Sie geben einen auswendig gelernten Standardtext zum Besten. Das wird ihn nicht ernsthaft zu einer Weiterempfehlung bewegen.

Bitte denken Sie an die Typologie aus Kapitel 2 – jeder Empfehler hat Motive und Vorteile.

> Daher ist es auch bei Ihrer Formulierung wichtig, individuell vorzugehen und den potenziellen Empfehler bei seinen Motiven zu packen.

Eine gründliche Gesprächsvorbereitung ist deshalb, wo immer möglich, essenziell.

◆ Formulieren Sie so, dass Sie Ihr Gegenüber aufwerten. Denken Sie daran: Menschen brauchen Anerkennung. Wenn es Ihnen gelingt, dass Ihr potenzieller Empfehler sich wertgeschätzt fühlt und spürt, dass Sie ernsthaft an seiner Meinung interessiert sind, haben Sie eine gute Basis für ein erfolgreiches Gespräch.

◆ Der gewählte Stil sollte zum Unternehmen und Ihrer Persönlichkeit passen. Coole, leicht flapsige Aufforderungen passen mit Sicherheit nicht in die Banken- oder Versicherungsbranche, vielleicht aber zu einem Jugendtreff. Dass die Ausdrucksweise Ihrer Persönlichkeit entspricht, ist ebenfalls wichtig, sonst wirkt Ihr vorgetragenes Anliegen gleich verbogen. Sind Sie also ein offener und humorvoller Typ, können Sie einen witzigen Appell formulieren. Mögen Sie es lieber formell, dann bitten Sie eher um einen Gefallen.

◆ Humor ist immer gut: „Wenn es Ihnen geschmeckt hat, sagen Sie es mir und all Ihren Freunden, Kollegen und Bekannten. Wenn nicht, bitte nur dem Koch." Ein an passender Stelle platzierter lustiger Satz leitet charmant den Empfehlungsdialog mit dem Kunden ein und bietet Gelegenheit, weitere Visitenkarten oder nützliche Informationen für Dritte mitzugeben.

◆ Wenn Sie eine Empfehlungsfrage stellen, verwenden Sie möglichst immer offene Fragen (Wen, Was etc.). So werden Sie nicht mit einem Ja oder Nein abgespeist, sondern bekommen erschöpfendere Antworten und eröffnen das Gespräch mit dem Empfehler.

◆ Binden Sie Ihre in Kapitel 1 erarbeiteten Botschaften und Geschichten ein, so entstehen Bilder im Kopf des potenziellen Empfehlers. Sie und Ihr Unternehmen bleiben in Erinnerung. So liefern Sie Gesprächsstoff, der weitererzählt wird.

Empfehlungsformulierungen für das Kundengespräch

Die Voraussetzungen passen, ein zufriedener Kunde sitzt vor Ihnen. Jetzt stellt sich die Frage, mit welchen Worten Sie Ihren Weiterempfehlungswunsch ansprechen.

Anders als bei einem unbekannten Multiplikator müssen Sie Ihrem Kunden nicht grundsätzlich erklären, was überhaupt empfohlen werden soll oder was Ihr Unternehmen tut. Sie brauchen aber einen guten Übergang vom normalen Verkaufs- oder Beratungsgespräch zur Empfehlungsaktivierung. Dass dem Kunden konkrete Namen von Menschen einfallen, die als Neukunden für Sie interessant sind, können Sie durch gezielte Formulierungen steuern. Im Erfolgsfall nimmt der neue Empfehler dann z.B. Informationsmaterialien oder ein individuelles Angebot für den potenziellen Neukunden mit oder gibt Ihnen die Kontaktdaten.

Das folgende Beispiel soll als Formulierungshilfe dienen:

Beispiel

Ein bundesweit agierender Verkäufer von Zahnarztstühlen hat einer Kölner Praxisgemeinschaft gerade drei neue Behandlungsstühle verkauft. Das Ärzteteam ist sichtlich angetan von Funktionalität und Design. Der Verkäufer nutzt die positive Stimmung und sagt:

„Toll, es freut mich wirklich, dass ich Sie für unsere Produkte begeistern konnte. Der von Ihnen ausgesuchte Lederbezug passt hervorragend zum exklusiven Ambiente Ihrer Praxis. *(Kleine Pause.)* Ich würde Sie gern um einen Gefallen bitten. Wir verkaufen unsere hochwertigen Produkte zum großen Teil über Empfehlung. Sie würden mir daher sehr helfen, wenn Sie mir Kollegen nennen, die auch Interesse an neuen Stühlen haben könnten. Welche Ihrer Kollegen übernehmen denn beispielsweise demnächst eine neue Praxis und würden sich über Ihren Tipp freuen?"

Die Überleitung ist gelungen. Der Verkäufer geht in den Empfehlungsdialog und kann nach weiteren möglichen Situationen fragen, die neue Zahnarztstühle erforderlich machen.

Die Erfahrung zeigt, dass das direkte Ansprechen der Weiterempfehlungsbitte ohne psychologisch ausgefeilte Fragen oder aufgebauschte Hinleitung die besten Ergebnisse bringt. Eine selbstbewusst und freundlich vorgetragene Bitte auf Augenhöhe schlägt kaum einer mit einem einfachen „Nein" aus. Die offenen Fragen regen zum Nachdenken an und eröffnen den Dialog.

**Sprint-Aufgabe:
Empfehlungsformulierungen im
Kundengespräch**

◆ Bitte suchen Sie sich einen Ihrer Kunden aus, den Sie gern als Empfehler gewinnen möchten.

◆ Überlegen Sie sich, welche Ziele und Motive er hat. Nehmen Sie dafür die Empfehlertypologie aus Kapitel 2 zur Hilfe.

◆ Formulieren Sie schriftlich eine passende Empfehlungsstimulation für diesen Kunden.

Empfehlungsformulierungen für das Multiplikatorengespräch

Besonders intensiv sollten Sie Gespräche vorbereiten, in denen Sie Multiplikatoren für Weiterempfehlungen gewinnen wollen. Bedenken Sie, dass diese Menschen Ihr Angebot in der Regel nicht persönlich ausprobiert haben. Manchmal kennen Sie sie noch nicht einmal.

Daher müssen Sie hier weiter ausholen und mit knackigen Botschaften bzw. spannenden Geschichten arbeiten. Überlegen Sie sich einen „Köder", also ein besonderes Extra speziell für diesen Menschen. Machen Sie Ihr Anliegen für den potenziellen Empfehler interessant.

Beispiel

Sie sind jetzt wieder der Namnam-Obsthändler. Nehmen wir mal an, Sie kennen den genannten Multiplikator Herrn Schmidt bisher nicht persönlich, lesen seit Längerem aber seinen Feinschmecker-Blog mit großem Interesse und wollen ihn zu einer Empfehlung bewegen.

Sie rufen ihn also an und sagen: „Guten Tag Herr Schmidt, mein Name ist Schulze, ich bin ein begeisterter Leser Ihres Blogs. Insbesondere die ungewöhnlichen Rezepte probiere ich gern aus, die sind immer was Neues und einfach großartig. Ich betreibe einen renommierten Obststand auf dem hiesigen Stadtmarkt und habe eine Vorliebe für exotische Fruchtneuheiten. Kennen Sie eigentlich schon die Namnam?" (Pause)

Wunderbar. Sie haben in kurzer Zeit einem Unbekannten erklärt, wer Sie sind und was Sie tun, haben ihn durch die Nennung der Namnam neugierig gemacht und einen Dialog gestartet. Gehen wir mal davon aus, er kennt die Namnam nicht. Sie würden ihm im weiteren Gesprächsverlauf zunächst von der Frucht vorschwärmen und dann Ihren „Köder", also das selbst kreierte Rezept, vorbringen. Das könnten Sie beispielsweise so formulieren:

„Ah, die Namnam ist eine ganz besondere Frucht. Sie ist roh und gekocht verwendbar und schmeckt vorzüglich. Nach einer gelungenen Mischung aus Banane, Erdbeere und Roquefort. Und diese besondere Note macht sie für das ganze Menü interessant. Ich habe letztens ein Vorspeisen-Rezept kreiert, das Sie unbedingt mal ausprobieren müssen. Ich wette, Sie kommen gleich auf weitere tolle Rezeptideen. Darf ich Ihnen denn eine Namnam und das Rezept mal zuschicken?" (Pause)

Herr Schmidt ist interessiert, Sie plaudern ein bisschen mit ihm über das Rezept und zum Schluss bitten Sie um die Veröffentlichung desselben und ein paar Zeilen über Sie in seinem Blog: „Herr Schmidt, es freut mich, dass ich Ihre Neugierde wecken konnte. Wenn Ihnen mein Rezept gefällt, können Sie es gern in Ihrem Feinschmecker-Blog veröffentlichen. Ich schicke Ihnen auch die Adresse meines Obststandes – die Namnam ist nicht überall zu haben, so können Sie Ihren Lesern gleich einen konkreten Kauftipp geben – und natürlich würde ich mich über diese Empfehlung sehr freuen." Ziel erreicht!

Sprint-Aufgabe:
Ein Multiplikatorengespräch planen

Planen Sie ein Gespräch oder eine schriftliche Kontaktaufnahme mit einem potenziellen Multiplikatoren, den Sie noch nicht persönlich kennen, indem Sie folgende Schritte abarbeiten:

◆ Recherchieren Sie interessante Multiplikatoren und wählen Sie den besten aus. Warum ist er der beste? Bitte die Gründe aufschreiben!

◆ Überlegen Sie sich einen individuellen, spannenden „Köder", wie das Rezept für Herrn Schmidt im Beispiel.

◆ Formulieren Sie eine knackige Kurzvorstellung.

◆ Antizipieren Sie – wenn sie eine persönliche Kontaktaufnahme planen – mögliche Gesprächsverläufe. Das trainiert die Flexibilität.

◆ Rufen Sie die ausgewählte Person gegebenenfalls an, stellen Sie sich kurz vor und wecken Sie mit dem passendem Aufhänger gleich das Interesse. Machen Sie den Multiplikator neugierig.

◆ Lassen Sie den potenziellen Multiplikator Ihre Wertschätzung spüren, d.h., machen Sie ihm auf charmante Weise klar, warum Sie ausgerechnet ihn kontaktieren.

◆ Setzen Sie den Köder, den Sie sich überlegt haben, ein und gehen Sie in den Dialog.

◆ Kommen Sie zum Punkt und sprechen Sie den Weiterempfehlungswunsch direkt an.

◆ Sprechen Sie das weitere Vorgehen konkret ab und schicken Sie dem Kontaktierten gegebenenfalls weitere Informationen.

3.2 Empfehlungsanliegen in Gespräche einbringen

Suchen Sie gezielt nach Aufhängern für Ihr Empfehlungsanliegen.

> **Beispiel**
>
> Der Hochzeitstortenbäcker könnte nach den Flitterwochen beim frisch vermählten Paar anrufen, seine Glückwünsche aussprechen und sich erkundigen, ob die Torte gut ankam. So viel Interesse erfreut das Paar und aus dieser positiven Stimmung heraus ist es für den Bäcker nicht schwer zu fragen, ob eventuell Freunde des Paares bald heiraten oder Geburtstag feiern – und ebenfalls eine Torte gebrauchen könnten. Und schon ist das Empfehlungsgespräch eingeleitet.

Empfehlungschancen im Gespräch erkennen und nutzen

Oft wird überhört oder vernachlässigt, dass Menschen unbewusst von sich aus Empfehlungshinweise geben. Aber Ihnen sollten hier ab sofort die Ohren klingeln.

> **Beispiel**
>
> In den Trainings, die ich durchführe, werfen meine Gesprächspartner hin und wieder spontan ein, dass dieser oder jener Freund das Training auch gebrauchen könnte. Oder sie erzählen von einer Kollegin, die so ein Coaching bestimmt ganz toll fände. Je nach Situation gehe ich sofort auf derartige Hinweise ein oder spreche die Menschen bei der nächsten passenden Gelegenheit an. Ich frage nach, was genau die Kollegin gebrauchen könnte, und versuche, möglichst umfassende Informationen zu bekommen. Dann biete ich an, passgenaue Informationen direkt zuzuschicken. Auf jeden Fall gebe ich eine Extra-Visitenkarte mit.

Bei jedem „Das wäre doch auch was für Herrn oder Frau ..." sollten Sie hellhörig werden. Solche Chancen gibt es überall und es gilt, sie zu erkennen. Schließlich ist das ein einfacher und effektiver Weg, eine Empfehlung auszulösen. Sie brauchen lediglich aufmerksam zuzuhören und entsprechend zu handeln. Mit der Zeit sind Sie sensibilisiert und Ihre Antennen geschärft. Achten Sie darauf, immer genügend Visitenkarten und Informationsmaterial dabeizuhaben, die Sie dem Empfehler gleich mitgeben können.

Der richtige Zeitpunkt im Gespräch

Schärfen Sie Ihr Gespür dafür, wann die passende Gelegenheit für das Ansprechen von Weiterempfehlungen gekommen ist. Wann es so weit ist, hängt immer vom jeweiligen Gesprächsverlauf ab. Die Wellenlänge sollte stimmen, die Gesprächsatmosphäre angenehm sein. Achten Sie auf Ihr Gespür und vertrauen Sie auf Ihre Menschenkenntnis.
Gute Chancen haben Sie natürlich, wenn Sie Ihren Kunden gerade mit Ihrem Produkt oder Ihrer Dienstleistung sichtbar glücklich gemacht haben. Das heißt nicht unbedingt, dass Sie ihm gerade etwas verkauft haben müssen. Vielleicht haben Sie ihn ja in Vorfreude versetzt, aber er will erst später kaufen oder noch einmal in Ruhe mit dem Ehepartner darüber sprechen.

Warten Sie nicht zu lange, sondern sprechen Sie das Thema Empfehlungen an, wenn das Gespräch positiv und freundlich war. Ein Versuch lohnt sich allemal.

Sich selbst verpflichten

Wenn Sie wollen, können Sie sich selbst ein bisschen unter Druck setzen, z.B. indem Sie ein Anmeldeformular oder Stammdatenblatt entwickeln, auf dem es eine Empfehlungsfrage gibt. Sie sprechen das Blatt gemeinsam mit Ihrem Kunden durch, Sie füllen es für ihn aus. Sobald Sie bei der entsprechenden Stelle angelangt sind, sprechen Sie das Thema Empfehlung an.
Sie können auch am Ende des Gespräches einfach noch ein paar weitere Visitenkarten überreichen und dies als Aufhän-

ger für Ihre Empfehlungsstimulation nehmen. Besser sind Materialien, die einen Mehrwert bieten oder gern weiterverteilt werden.

Schaffen Sie sich Requisiten, die Sie gern überreichen. Dann wird Ihnen der Einstieg in die Empfehlungsaktivierung leicht fallen.

Beispiel

So könnte ein Parkettverleger mehrere Karten mit den „10 goldenen Regeln der Parkettpflege" aushändigen (auf denen selbstverständlich auch seine Kontaktdaten vermerkt sind) und deren Weiterverteilung anregen.

Wenn Sie schon am Anfang eines Kundengespräches das Thema Empfehlung ansprechen, fällt es Ihnen nach erbrachter Leistung leichter, es wieder aufnehmen.

Beispiel

Ein Berliner Masseur ist so selbstbewusst, bereits vor der Leistungserbringung zu verkünden, seine Massage mache in nur 60 Minuten so zufrieden und glücklich, dass man nicht umhin komme, sofort Freunden und Bekannten davon zu erzählen.

Sehr interessant ist auch die Möglichkeit, das Empfehlungsmarketing als einzige Akquiseform beim Kunden direkt zu thematisieren:

Beispiel

Ein Seminarhaus im Süden von Deutschland akquiriert seit mehr als 20 Jahren Neukunden ausschließlich über Empfehlungen. Wie das? Nun, die beiden Trainer sprechen am Ende eines jeden Seminars genau das an und bitten die Teilnehmer, dieses Konzept zu unterstützen. Der Erfolg gibt ihnen Recht. Die Kunden empfehlen. Und das Beispiel bestätigt auch, dass man es auf diesem Wege ein Stück weit in der Hand hat, welche Neukunden kommen. Die beiden erzählen immer wieder sehr angetan von ihren angenehmen und interessierten Kunden.

Das Erfragen von Kontaktdaten potenzieller Neukunden

In Kapitel 2 haben Sie es schon gehört: Die für Sie bequemste Form der Weiterempfehlung ist es, wenn der Empfehler den potenziellen Neukunden von sich aus kontaktiert und auf Ihre Leistung aufmerksam macht. Der potenzielle Neukunde kommt dann von sich aus auf Sie zu.

Ist das nicht der Fall, können Sie konkrete Daten des potenziellen Neukunden von Ihrem Empfehler erfragen. Grundsätzlich sollten Sie hier zunächst mit einem Zögern oder einem Nein rechnen. Kaum einer gibt gern ohne Rücksprache Daten von Dritten weiter.

> Möchten Sie dennoch mit Adressen oder Telefonnummern aus dem Gespräch gehen, sollten Sie feinfühlig vorgehen und einen Mehrwert für den potenziellen Neukunden bieten.

Das kann zumindest ein Katalog oder ein besonderes Angebot sein. Noch besser sind aber beispielsweise Produktproben, Gutscheine oder E-Books mit wertvollen Tipps.

> Bieten Sie dem Empfehler an, dieses Extra direkt an den potenziellen Neukunden zu schicken.

Willigt er ein, ist es für Sie ein Leichtes, Anschrift, E-Mail-Adresse oder Telefonnummer des potenziellen Neukunden zu erhalten.

Beispiel

Nehmen wir an, Sie sitzen mit der Kosmetikstudio-Besitzerin Frau Müller im Gespräch. Sie haben den empfehlungsbezogenen Gesprächsteil schon eröffnet, Frau Müller nennt Herrn Schwarz als potenziellen Neukunden, will sich aber nicht die Mühe machen, ihn zu kontaktieren. Sie fragen jetzt nach seinen Daten: „Schade, dass Sie Herrn Schwarz in nächster Zeit nicht treffen. Aber ich verstehe natürlich, dass Sie wenig Zeit haben und ihn nicht extra

---

kontaktieren können. Daher würde ich das gern selbst tun. Würden Sie mir bitte seine Telefonnummer geben?"

Frau Müller zögert, will die Nummer nicht rausrücken. Sie gehen einen Schritt weiter und bringen Ihr „Extra" ins Spiel: „Ich könnte Herrn Schwarz auch unser Set mit Produktproben schicken. So bekommt er einen Überblick und kann alles selbst ausprobieren. Das Set könnte ich ihm mit Ihren besten Grüßen zuschicken. Bestimmt freut er sich, von Ihnen zu hören."

Nun ist Frau Müller bereit, Ihnen die Daten zu geben. Ihre Formulierung impliziert schon die Frage, ob Sie sich auf den Empfehler beziehen dürfen – dies sollten Sie nie vergessen, das erleichtert Ihnen die Kommunikation mit dem potenziellen Neukunden und auch das Nachhaken ungemein. Übrigens geben Sie Frau Müller hier geschickt das Gefühl, sie würde Herrn Schwarz mit dem „Geschenk" etwas Gutes tun – das senkt die Hemmschwelle der Datenherausgabe noch einmal.

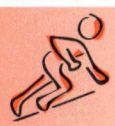

Sprint-Aufgabe:
Mehrwert-Ideen für potenzielle Neukunden

◆ Überlegen Sie, wie ein solcher Mehrwert für potenzielle Neukunden passend zu Ihrem Geschäftsfeld aussehen könnte. Lassen Sie nicht locker, bis Sie ein bis zwei gute und umsetzbare Ideen haben.

◆ Prüfen Sie, wo Sie dieses „Zuckerl" beim Kunden oder bei sonstigen Empfehlerzielgruppen einsetzen können.

◆ Kalkulieren und planen Sie die Bereitstellung des Mehrwertes.

Die Angst vor dem Nein

Wenn Ihnen schon das Lesen dieser Überschrift Unbehagen bereitet, dann seien Sie versichert: Sie sind damit keineswegs allein. Selbst langjährig geschulte Verkäufer und Vertriebsleute scheuen sich, Empfehlungen regelmäßig und aktiv anzusprechen, oder leiern ihre immergleiche Standardfrage mehr schlecht als recht am Ende eines Gesprächs herunter. Warum? Nun, viele Menschen sind schlicht und ergreifend unsicher und haben Angst vor einem Nein, also vor Ablehnung.

Wenn das auch auf Sie zutrifft, nehmen Sie doch einmal einen Perspektivenwechsel vor.

> Wenn Sie nämlich den Spieß umdrehen und überlegen, wie oft Sie jemandem ein Nein geben und warum, werden Sie erkennen, dass es viele Gründe dafür gibt, die nichts, aber auch gar nichts mit Ihnen persönlich oder Ihrem Angebot zu tun haben.

Manchem fällt vielleicht tatsächlich gerade keine weitere interessierte Person ein; ein anderer will aus persönlichen Gründen nicht, dass ein Dritter erfährt, dass er Ihre Leistung in Anspruch genommen hat.
Führen Sie sich vor Augen, dass Sie Ihr Gegenüber mit einer guten Empfehlungsaktivierung aufwerten und ihm Anerkennung entgegenbringen.

Eine weitere Möglichkeit, die Angst vor dem Nein zu überwinden, ist der Austausch mit Kollegen oder Bekannten. Im Seminar erlebe ich immer wieder, wie sehr es hilft, etwas über die Erfahrungen und Ängste, vor allem aber Erfolge anderer zu erfahren und gemeinsam Lösungsstrategien zu erarbeiten.

Sie können ein Co-Coaching vereinbaren.

Das heißt, Sie suchen sich einen Partner, der ebenfalls an diesem Punkt arbeiten möchte, und verabreden mit ihm regelmäßige persönliche oder telefonische Besprechungstermine. Setzen Sie sich Ziele und kontrollieren Sie in regelmäßigen Abständen Ihre Fortschritte. Machen Sie sich gegenseitig Mut, motivieren Sie sich und feiern Sie gemeinsam Ihre Erfolge.

Probieren Sie es aus und lassen Sie sich nicht entmutigen. Übung macht den Meister und spätestens nach den ersten Erfolgen wird es anfangen, Ihnen Spaß zu machen.

Sprint-Aufgabe:
Der „Angst vor dem Nein"-Check

Wenn Sie es sich schon zur Gewohnheit gemacht haben, im Gespräch Ihr Empfehlungsanliegen anzusprechen – sehr gut! Dann brauchen Sie diese Aufgabe nicht zu machen. Ist dem noch nicht so, gehen Sie bitte Schritt für Schritt durch die folgende Liste, beantworten Sie die Fragen und führen Sie die Übungen aus.

◆ Kränkt Sie ein Nein? Nehmen Sie den oben vorgeschlagenen Perspektivenwechsel vor. Welche Gründe kann ein potenzieller Empfehler für ein Nein haben, die nichts mit Ihnen oder Ihrem Angebot zu tun haben?

◆ Fühlen Sie sich als Bittsteller? Überlegen Sie, was passieren müsste, damit Ihnen das Ansprechen der Empfehlung ganz leicht fällt. Malen Sie sich den optimalen Zustand aus und überlegen Sie dann, wie er sich herstellen lässt. Sie können sich auch den schlimmsten anzunehmenden Fall überlegen – Sie werden sehen, so schrecklich kann es gar nicht werden.

◆ Finden Sie das angesprochene Co-Coaching interessant? Dann überlegen Sie, mit wem Sie ein solches eingehen könnten und rufen Sie die Person an.

◆ Überlegen Sie sich eine Belohnung, die Sie sich nach jeder Selbstüberwindung schenken.

◆ Üben Sie laut vor dem Spiegel, wie Sie Ihr Empfehlungsanliegen vortragen.

◆ Setzen Sie sich Ziele und tragen Sie sich ein Datum in den Kalender ein, bis zu dem Sie Empfehlungen aktiv und regelmäßig ansprechen wollen.

Tipps für empfehlungs- aktivierende Gespräche

◆ Stehen Sie selbstbewusst hinter Ihrem Angebot. So haben Sie es leichter, Ihr Gegenüber auf eine Weiterempfehlung anzusprechen und werden sich nie als Bittsteller fühlen. Negative Glaubenssätze aller Art arbeiten gegen Sie und werden zu sich selbst erfüllenden Prophezeiungen. Sie strahlen Unsicherheiten, Zweifel, Misstrauen oder Ängste aus. Selbst wenn Sie es nur unterschwellig spüren – Ihr Gegenüber wird es bemerken. Im An-hang dieses Buches finden Sie Literaturtipps zum Thema „selbstbewusst und überzeugend verkau-fen".

◆ Mies drauf? Das kommt mal vor. Tun Sie sich Gu-tes und pushen Sie Ihre Stimmung. Sie können sich beispielsweise vor dem Gespräch eine zehn-minütige Auszeit nehmen und Ihre Lieblingsmusik hören oder ein witziges Video im Internet anschau-en. Schaffen Sie sich stimmungshebende Rituale. Hilft das alles nichts, fragen Sie heute besser nicht nach Empfehlungen.

◆ Nehmen Sie sich Zeit, wenn Sie Empfehlungen im Gespräch stimulieren wollen. Gehetzt zwischen Tür und Angel oder schnell dazwischengequetscht, zeigt die Empfehlungsaktivierung keine Wirkung, denn sie geht dann völlig unter und der potenzielle Empfehler wird sie vermutlich schnell wieder ver-gessen.

- Kommunizieren Sie immer auf Augenhöhe. Belehren Sie nicht, betteln Sie nicht, duckmäusern Sie nicht und drängen Sie niemandem etwas auf. Das gilt nicht nur im Verkauf, sondern auch beim Aktivieren von Empfehlungen.

- Vorsicht vor platten Aufforderungen, blöden Witzen oder sonstigen ausgelatschten Verkäufermethoden.

- Lächeln Sie, erzählen Sie Positives und zeigen Sie Persönlichkeit. Studien belegen die umsatzfördernde Wirkung dieses Verhaltens. Diese Faktoren zeigen in jedem Gespräch Erfolg, auch bei der Aktivierung von Empfehlungen.

- Schulen Sie Ihr Kommunikationsgeschick. Überzeugen, begeistern und präsentieren muss im Geschäftsleben jeder. Erweitern Sie regelmäßig Ihre Fähigkeiten und Kenntnisse auf diesen Gebieten. Üben Sie Neues, bis es Ihnen in Fleisch und Blut übergegangen ist. Je mehr Sie lernen und üben, desto sicherer und erfolgreicher werden Sie sein. Und dabei auch mehr Spaß und Leichtigkeit empfinden.

3.3 Empfehlungsformulierungen für die Standardkommunikation

Empfehlungsstimulationen lassen sich nicht nur in Gespräche einbauen, sondern auch in Ihre üblichen schriftlichen Kommunikationsmaterialien, d.h. jegliche Kundenkorrespondenz wie Angebote, Rechnungen oder sonstige Briefe und E-Mails. Aber auch in Broschüren, Newsletter, Informationsblätter oder auf Ihrer Internetseite.

Beispiel

Gitte Härter, die Betreiberin des Schreibnudel-Blogs, bittet so um Weiterempfehlung: „Mein Ziel ist es, in naher Zukunft nur noch vom Schreiben leben zu können (was gar nicht so einfach ist!). Helfen Sie mir dabei, wenn Ihnen schreibnudel.de gefällt! Je mehr davon wissen, desto mehr kaufen meine Bücher und gehen in meine Workshops. Danke, danke!"

Oder Sie nutzen den letzten Satz Ihrer E-Mail-Signatur für eine Empfehlungsstimulation, beispielsweise indem Sie einen bestimmten Anlass oder Aufhänger auswählen und um Weiterempfehlung bitten. Das hat auch den Vorteil, dass Sie den Satz von Zeit zu Zeit verändern können und so nicht langweilen.

Beispiel

„Wir sind Aussteller auf der diesjährigen Hannovermesse und schenken Ihnen und Ihren Kollegen eine Freikarte für unseren exklusiven Kundenabend. Drucken Sie diese E-Mail aus und bringen Sie sie mit. Und leiten Sie sie unbedingt auch an Ihre Kollegen weiter! So bekommen auch sie garantierten Eintritt."

Bei einem Anbieter für Motorradveranstaltungen könnte unter der Rechnung folgender Satz stehen: „Herzlichen Dank für Ihre Buchung und viel Vergnügen beim Renntraining. Teilen Sie den Spaß doch mit Freunden und lassen Sie sie wissen, dass es uns gibt."

Generell sollten Sie ein verträgliches Maß an Empfehlungs-stimulationen wählen und auf ansprechende und unter-schiedliche Formulierungen achten. Der gleiche, im Rund-umschlag auf jegliche Kommunikationsmaterialien gepackte Standardsatz langweilt den Empfänger schnell und wird ig-noriert.

Sprint-Aufgabe:
Empfehlungsstimuli in die
Standardkommunikation einbinden

◆ Überprüfen Sie bitte Ihre Standardkommunikation und überlegen Sie, auf welchen Kanälen Sie Empfehlungen stimulieren könnten.

◆ Treffen Sie eine maßvolle Auswahl und formulieren Sie jeweils eine ansprechende Empfehlungsaktivierung.

◆ Binden Sie die Botschaften ein.

4 Empfehlungsstimulationen in Marketingmaßnahmen

Im Folgenden können Sie schon direkt beim Lesen an Ihrem Empfehlungsmarketingplan weiterarbeiten. Es geht nun um eine Vielzahl an Maßnahmen und Ideen, die allesamt das Ziel haben, Empfehlungen zu stimulieren und potenzielle Neukunden zu Ihnen zu bringen.

Die Maßnahmen sind in vier Gruppen unterteilt:
◆ Marketingmaßnahmen mit Empfehlungsauslösern versehen (Kap. 4.1)
◆ Empfehlungsauslöser speziell in der Onlinewelt (Kap. 4.2)
◆ Empfehlungsbringer durch Aktion, Mehrwert und Begeisterung (Kap. 4.3)
◆ Viral, Guerilla & Co – Auffallen und ins Gespräch kommen (Kap. 4.4)

In Kapitel 4.5 geht es dann noch einmal zusammenfassend um die Umsetzung der Maßnahmen und die anschließend anstehende Erfolgskontrolle.

Die Aufzählungen, die Sie im Folgenden zu den vier Maßnahmengruppen finden, erheben keinen Anspruch auf Vollständigkeit. Speziell in der Onlinewelt wächst die Zahl der Möglichkeiten mit jeder neuen Funktion und jedem Service, der entwickelt wird. Seien Sie kreativ und lassen Sie sich nicht davon abhalten, die Liste nach Belieben zu erweitern. Nicht alle vorgeschlagenen Maßnahmen passen zu jedem Unternehmen oder zu jeder Branche. Patentrezepte sind nicht lieferbar. Aber Sie kennen Ihre Zielgruppen und können am besten einschätzen, was ankommt oder eben nicht. Lassen Sie sich inspirieren.

**Ausdauer-Aufgabe:
Empfehlungsstimulierende
Marketingmaßnahmen – Etappe 1**

Dies ist wieder eine marathonartige Aufgabe. Aber keine
Sorge, sie ist in drei überschaubare Etappen eingeteilt.
Hier also erst einmal Etappe 1:

Nehmen Sie sich einen Stift und kreuzen Sie gleich beim
Weiterlesen die für Ihr Unternehmen infrage kommenden
Maßnahmen an. In der jeweils eingefügten Leerzeile kön-
nen Sie erste eigene Ideen notieren. Los geht's!

4.1 Marketingmaßnahmen mit Empfehlungs-auslösern versehen

In dieser Rubrik bieten sich beispielsweise die folgenden
Maßnahmen an:

☐ Empfehlungsauslösendes Referenzmarketing

Bitten Sie Ihre Kunden um artikulierte Empfehlungen in
Form von Referenzen. Dies können mündlich aufgezeichne-
te oder schriftliche Aussagen sein, aber auch Fotos. Lobes-
und Empfehlungsbekundungen von zufriedenen und glück-
lichen Kunden wirken stark vertrauensfördernd und
überzeugend.

> **Beispiel**
>
> So könnte die Maßschneiderin um ein Foto der glücklichen Braut
> in dem von ihr gefertigten Kleid und eine schriftliche Weiteremp-
> fehlung bitten und beides sowohl im Atelier aufhängen als auch
> auf ihrer Internetseite präsentieren.

Verwenden Sie diese Referenzen vielfältig, z.B. auf Messen,
in Broschüren und Magazinen oder in Ihrem Blog.

In diese Kerbe schlagen auch Erfolgsgeschichten (success stories). Hier wird es deutlich arbeitsreicher für Sie. Bitten Sie einen namhaften Kunden um ein Interview und schreiben Sie daraus eine mit Fotos oder Grafiken bereicherte, spannende Geschichte, die auch eine ausdrückliche Weiterempfehlungs-Aussage des Kunden enthält. Diese Story können Sie dann in gedruckter Form verteilen oder auf Ihrer Internetseite veröffentlichen.

Noch eine Möglichkeit dieser Art sind Referenzvideos. Gleiche Herangehensweise wie bei den Erfolgsgeschichten, aber noch aufwändiger. Für ein wirklich professionelles Video brauchen Sie meist eine Agentur. Finger weg von mal schnell mit der Videokamera selbstgedrehtem Material. Bereiten Sie den Dreh gut vor, die wenigsten Kunden können aus dem Stegreif filmreife Aussagen liefern. Vergessen Sie die Empfehlungsaufforderung nicht.
Ein gutes Referenzvideo ist vielseitig einsetzbar (auf Messen, im Empfangsbereich der Firma, in Präsentationen oder im Internet) und kann in kurzer Zeit anschaulich vermitteln, warum der Kunde so begeistert von Ihrem Angebot ist.

Ergänzen Sie hier eigene Ideen.

_____

_____

Kooperationen eingehen und sich gegenseitig weiterempfehlen

Der Hochzeitstortenbäcker mit dem Hochzeitsstrauß-Floristen, der Architekt mit dem Bauleiter usw. – Überlegen Sie, welche Partner für Ihr Unternehmen infrage kommen, kontaktieren Sie diese und schließen Sie Empfehlungskooperationen. Auch das lässt sich offline und online abbilden.

_____

_____

☐ **Netzwerken**

Netzwerken können Sie offline, indem Sie gezielt ein Treffen mit für Sie wichtigen Einzelpersonen, z.B. Multiplikatoren, oder eine Begegnung mit gleich mehreren relevanten Personen arrangieren, z.B. auf Messen oder in Verbänden.
Online können Sie auf einer Vielzahl von Netzwerkplattformen aktiv sein, z.B. bei Facebook. Wichtig: Gehen Sie zielgerichtet vor! Fragen Sie sich, wo sich Ihre potenziellen Empfehler wirklich tummeln. Für selbstständige Programmierer sind das vielleicht Plattformen wie GULP oder XING. Der Handwerker ist auf lokalen, branchenübergreifenden Netzwerkfrühstücken besser aufgehoben. Vergessen Sie vor allem nicht, beim Netzwerken Empfehlungen aktiv zu stimulieren.

_____

_____

☐ **Pressearbeit**

Logisch, wenn Sie in der Presse positiv auftauchen, hat das einen Multiplikatoreffekt. Nutzen Sie insbesondere Fachartikel, in denen Sie Wissen weitergeben, auch zur Empfehlungsstimulation. Legen Sie einen Artikel-Sonderdruck in Ihren Räumlichkeiten aus und verteilen Sie den Artikel in Gesprächen und auf Veranstaltungen weiter. Veröffentlichen Sie ihn auf Ihrer Internetseite oder in Ihrem Blog.

_____

_____

☐ **Veranstaltungen mit Empfehlungsmotivator**

Ganz gleich, ob Sie Kunden, Interessenten oder Ihre Multiplikatoren zu einem Vortrag, einer Weinverkostung, Lesung oder Ihrer Jubiläumsfeier einladen – erweitern Sie den (Wirkungs-)Kreis und lassen Sie jeden Geladenen eine weitere, für Sie interessante Person mitbringen, z.B. einen Kollegen.

☐ **Empfehlungsimpulse in Anmeldeformularen**

Bauen Sie in Ihre Anmeldeformulare (z.B. für Seminare oder Veranstaltungen) gleich mehrere Namensfelder mit dem Vermerk „für Ihren interessierten Kollegen" oder „Ihre beste Freundin" ein. So bringen Sie den Ausfüllenden auf die Idee, Sie weiterzuempfehlen, und haben im Gespräch eine gute Einleitung für das Thema Weiterempfehlung.

4.2 Empfehlungsauslöser speziell in der Onlinewelt

Die Onlinewelt bietet gerade für Ihr Empfehlungsmarketing unendlich viele Möglichkeiten. Folgende Maßnahmen sind beispielsweise Erfolg versprechend:

☐ **Die Weiterempfehlungs-Funktion**

Nutzen Sie in der digitalen Kommunikation, also in Newslettern, bei Tipps und Artikeln auf Ihrer Internetseite oder in Ihrem Blog die Funktion „Weiterempfehlen", so kann ein

Leser Ihre Informationen schnell und unkompliziert an interessierte Dritte weiterverteilen.

Aber Achtung: Die rechtliche Situation ist hier nicht eindeutig geregelt. Je nach Ausführung könnte die E-Mail auch als Spam gewertet werden. Holen Sie sich für Ihren konkreten Fall rechtlichen Rat ein.

☐ Kunden auf Empfehlungsplattformen um positive Bewertung bitten

Gehen Sie auf zufriedene Kunden zu und bitten Sie sie um eine positive Bewertung oder eine konkret formulierte Empfehlung für Ihr Unternehmen auf für Sie interessanten Portalen im Internet. Es gibt eine Vielzahl an spezialisierten Plattformen, z.B. www.tripadvisor.de für Hotelbewertungen oder www.qype.com für stadtbezogene Kundenaussagen zu Restaurants, Geschäften etc.

☐ Empfehlungsauslöser auf Ihrer Internetseite

Prüfen Sie, ob Sie in Ihrem Internetauftritt die Möglichkeiten bezüglich Empfehlungen ausschöpfen. Vor allem informative Inhalte und Tipps, nutzenbringende Maßnahmen wie ein Downloadangebot von Checklisten oder auch Begeisterndes, wie Onlinespiele, lösen Empfehlungen aus.

☐ Die Onlineshop-Empfehlungsklaviatur

Betreiben Sie einen Onlineshop? Dann ziehen Sie doch auch hier alle sinnvollen Register. Geben Sie zunächst selbst Empfehlungen, z.B. Ähnliches oder Ergänzendes zum aktuell angeschauten oder gekauften Produkt. Das können Sie in der Kaufbestätigungs-E-Mail übrigens ebenfalls tun. Die Funktion „Kunden, die dieses Produkt gekauft haben, haben auch folgende Produkte gekauft" gehört ebenfalls zu diesem Repertoire.

Lassen Sie Ihre Kunden aktiv mitreden. Bieten Sie die Möglichkeit von Lieblingslisten oder Wunschzetteln an und bitten Sie Ihre Kunden um Feedback und Bewertungen. Sprechen Sie regelmäßig mit Ihrem Programmierer über die Möglichkeiten Ihres Shopsystems. Er ist der Profi und sollte alle Funktionen kennen. Und schauen Sie dazu mal beim Onlinehändler Amazon rein, der ist hier vorbildlich.

☐ Bloggen Sie geschäftlich?

Dann stehen Ihnen auch hier viele Variationen zur Verfügung, um Empfehlungen voranzutreiben. Ganz vorn stehen wieder die Punkte informativer Content und Mehrwertangebote. Und es gibt eine Menge, was man in der Blogosphäre, also in der „Welt" aller Blogs und ihrer Verbindungen, unternehmen kann, wie etwa das Durchführen von Blog-Paraden oder Stöckchen (siehe dazu www.blog-parade.de und http://stoeckchen.twoday.net/). Ziel dabei ist immer das eigene Bekanntwerden.

Übrigens empfehlen Sie Ihr Unternehmen auch besonders gut selbst, wenn Sie bei anderen Bloggern wertvolle Kommentare liefern und natürlich auf Ihren eigenen Blog verlinken.

☐ Twitter

Bestimmt haben Sie schon vom Kurznachrichtendienst Twitter (www.twitter.com) gehört, in dem Sie 140 Zeichen lange Meldungen aller Art in die Internet-Welt schicken können. Wem Ihre Botschaften gefallen, der schließt sich Ihnen als „Follower" an, und so können Sie sich im Laufe der Zeit einen Fanclub aufbauen.

Unterschätzen Sie jedoch den Aufwand nicht. Twitter bringt Ihnen nur dann etwas, wenn Sie viele Follower bekommen. Und das wiederum passiert nur, wenn Sie regelmäßig inhaltlich wertvolle Nachrichten verbreiten – Twitter ist keine Werbeschleuder.

Darüber hinaus können Sie in Bezug auf Empfehlungen auch Ihre Twitter-affinen Kunden oder Multiplikatoren aktivieren und sie bitten, z.B. Ihr Geschäftsfeld betreffende Kurznachrichten à la „Kann mir mal jemand einen guten Anbieter zu XY nennen?" mit einer Empfehlung für Sie zu beantworten.

☐ Empfehlungen in sozialen Netzwerken wie Facebook & Co

Immer mehr Menschen sind in den sozialen Netzwerken des Internets wie Facebook, XING usw. unterwegs – und das macht die Plattformen für Firmen sowohl im B2C- als auch B2B-Umfeld immer interessanter. Sie können hier mit einer guten Selbstdarstellung und mit empfehlungsstimulierenden Referenzen eine Vielzahl an Fans gewinnen.

Doch auch hier gilt: Das passiert nicht von allein. Unterschätzen Sie den Aufwand nicht.

☐ Verschicken Sie einen Newsletter

Enthält dieser nicht nur Werbung für Ihr Leistungsangebot, sondern bringt dem Leser durch Tipps und Informationen echten Mehrwert, wird auch dieser mit Sicherheit weitergeleitet oder empfohlen.

Bitten Sie Ihre Leser aktiv darum, Ihren Newsletter weiterzuempfehlen. Und Sie können die Weiterempfehlungs-Funktion SWYN (Share with your network) einbinden. Das sind vorgefertigte Links, mit denen E-Mail-Empfänger besonders interessante Tipps vollautomatisch direkt an ihre Freunde bei Facebook, Twitter & Co. weiterleiten können.

4.3 Empfehlungsbringer durch Aktion, Mehrwert und Begeisterung

Um Empfehlungen zu stimulieren, sind hier beispielsweise folgende Maßnahmen möglich:

☐ Kostenlos Wissen weitergeben

Ob am Ende Ihres Vortrages, im Wartebereich Ihrer Kunden ausliegend oder als PDF-Download im Internet – immer werden wertvolle Informationen gern mitgenommen und weiterverteilt. Die Informationen sollten einen Bezug zu Ihrem Unternehmen haben. Architekten könnten etwa die Zusammenfassung relevanter DIN-Normen anbieten, die Kunden für ein Projekt brauchen.

☐ Gewinnspiele

… funktionieren immer dann auch als Empfehlungstreiber, wenn attraktive Preise locken. Das spricht sich schnell herum. Anwendungsmöglichkeiten gibt es viele, z.B. auf Ihrer Homepage, als Direktmailing oder im Radio.

☐ Gutscheine für etwas aus Ihrem Leistungsspektrum

Am besten, Sie vergeben zur Empfehlungsstimulation gleich zwei Gutscheine, einen für den Kunden, den anderen für seinen Freund, Kollegen oder Bekannten. Das geht sowohl offline, z.B. auf Papier gedruckt und ausgehändigt, als auch digital im Netz.

☐ Mitmachaktionen

Hier ist Phantasie gefragt. Wie können Sie Ihre Empfehlerzielgruppen an dem, was Sie tun und anbieten, teilhaben
lassen, sie mitmachen lassen? Denken Sie an die Betreiber
der Boulderwelt München, deren Kunden regelmäßig und
mit Begeisterung selbst Kletterrouten schrauben. Spiele
oder Rätsel motivieren zum Mitmachen.
Es geht darum, Menschen in Aktion zu bringen, dabei ihre
Neugier zu wecken und sie zu begeistern, sodass Sie darüber
zum Gesprächsthema werden und weiterempfohlen werden.

☐ Neukundenwerbeprogramme

Kunden werben Kunden, Leser werben Leser, Freunde werben Freunde. Das ist eine gängige Maßnahme des Empfehlungsmarketings. Hier werden Kunden um Empfehlung eines oder mehrerer Neukunden gebeten. In der Regel wird
der Empfehler z.B. mit Prämienpunkten, Gutscheinen oder
Geschenken belohnt.

Beispiel

Eine Versicherungsagentur legt gedruckte Empfehlungskarten in
ihren Räumlichkeiten aus und überreicht sie auch im Kundengespräch. Der Empfehler bekommt für jeden Neukunden einen Prä-
sentkorb im Wert von 20 Euro.

Natürlich können Sie derartige Programme auch auf Ihrer
Internetseite anpreisen.

☐ Ungewöhnliche, lustige, lehrreiche Mini-Informationen bieten

… und zwar dort, wo Menschen sich aufhalten, warten oder vorbeigehen.

Beispiel

„Die positivste Nachricht des Weltgeschehens" täglich neu auf einer Tafel oder Staffelei im Foyer eines Hotels. Das Gleiche ist in der digitalen Welt möglich, z.B. „Die englische Redewendung der Woche für den Small Talk im Kundengespräch" als Lernwortschatz per Newsletter von der Sprachenschule.

Über so etwas reden die Menschen und sie empfehlen es weiter.

☐ Gratispostkarten

Verteilen Sie Gratispostkarten mit Ihrem Logo und Ihren Kontaktdaten darauf und natürlich einem Zusatznutzen, z.B. einem Rezept, einem Comic, einem sinnvollen Spruch oder einer Weiterverwendungsmöglichkeit, etwa als Weihnachts- oder Geburtstagskarte.

☐ Kostenlose Minisoftwareprogramme

Überlegen Sie eine hilfreiche Anwendung, die Sie dann zur kostenlosen Verwendung oder zur Einbindung in Online-Startseitenportale wie iGoogle anbieten.

Die Software muss dabei nicht einmal unbedingt zu Ihrem Geschäftumfeld passen, wohl aber zu Ihrer Zielgruppe. Ist sie praktisch und gut anwendbar, findet sie viele Empfehler.

☐ Mobile Marketing

Das Mobile Marketing arbeitet mit den Möglichkeiten mobiler Endgeräte und der drahtlosen Kommunikation.

4.4 Viral, Guerilla & Co – Auffallen und ins Gespräch kommen

Alle Marketingformen, die auf epidemische Verbreitung (virales Marketing), ungewöhnliche Maßnahmen (Guerilla-

Marketing) oder starke Aufmerksamkeitswirkung mithilfe bekannter Personen (Celebrity-Marketing) setzen, verhelfen Ihnen im Erfolgsfall auch zu Empfehlungen.

Um wirklich einen Treffer zu landen, bedarf es besonderer Kreativität in Bezug auf die Maßnahmen.

Viele Unternehmen beauftragen deshalb spezialisierte Agenturen. Die Ergebnisse sind meist schwer plan- und steuerbar.

Ein paar dieser Marketing-Formen sind im Folgenden aufgeführt, und zwar speziell diejenigen, mit denen sich auch Ihr Empfehlungsmarketing vorantreiben lässt. In der Marketingliteratur und im Internet wimmelt es von immer neuen, oft englischen Begriffen. Lassen Sie sich dadurch nicht verwirren und prüfen Sie genau, was zu Ihrem Unternehmen passt und in Sachen Empfehlungen wirklich Sinn macht.

☐ Virales Marketing

Hier versuchen Unternehmen durch ungewöhnliche Ideen oder sensationelle Nachrichten in sozialen Netzwerken und Medien auf sich aufmerksam zu machen. Ziel der Aktionen ist eine möglichst epidemische Verbreitung – also innerhalb kürzester Zeit und zwar an Massen, daher der Name „viral". Das bekannteste Beispiel hierfür ist das Moorhuhn-Spiel der Firma Johnnie Walker.

Gelingt eine erfolgreiche Viralkampagne, wunderbar – das bringt mit Sicherheit Empfehlungen. Eine wirkliche „Epidemie" auszulösen, ist aber gar nicht so einfach. Überlegen Sie gut, was wirklich Potenzial hat, bevor Sie Geld in die Umsetzung investieren.

☐ Guerilla-Marketing

Guerilla-Aktionen sind raffiniert, unkonventionell und überraschend, finden auch an ungewöhnlichen Orten statt, bewegen sich manchmal am Rande der Legalität. Hin und wieder schockieren sie gar oder sind ethisch fraglich, z.B. wenn mit religiösen oder nationalsozialistischen Vergleichen gespielt wird. Ziel ist es – was sonst – Aufmerksamkeit zu erregen. Dabei müssen die Aktionen nicht unbedingt auf Massenverbreitung ausgerichtet sein und kommen in jedweder Form daher, etwa als Video oder auf einem Plakat.
Gut gemachte Guerilla-Aktionen bringen mit Sicherheit Empfehlungen. Vorsicht jedoch mit polarisierenden Aktionen – der Schuss kann auch schnell nach hinten losgehen.

☐ Multiplikatoren-Marketing

Wenn Sie einen angesagten Prominenten aussuchen und diesen dafür bezahlen, Ihr Produkt zu tragen oder anzupreisen, nennt man das Celebrity-Marketing. Ziel ist es, die Bekanntheit und den Coolnessfaktor des Prominenten mit Ihrem Produkt zu verquicken, um schnell in aller Munde zu sein und Aufmerksamkeit zu erzielen. Und weil das eben so „cool" ist, bekommen Sie so auch Empfehlungen.
Natürlich gehört das nicht gerade zu den kostengünstigen Werkzeugen. Aber bedenken Sie: Es muss ja nicht Brad Pitt sein, auch der Lokalmatador Ihrer ortsansässigen Fußballmannschaft ist in gewisser Weise prominent.
Das Prinzip können Sie auch auf Ihre Multiplikatoren übertragen. Überlassen Sie namhaften und öffentlich viel beachteten Kunden oder anderen Multiplikatoren kostenlos Ihr Produkt und bitten Sie sie, es entsprechend zur Schau zu tragen, darüber zu reden und es gezielt zu empfehlen.

_____

_____

_____

 **Ausdauer-Aufgabe:**
Empfehlungsstimulierende
Marketingmaßnahmen – Etappe 2

So, jetzt haben Sie eine Fülle an Anregungen und Vorschlägen bekommen und hoffentlich schon fleißig ange-
kreuzt. Entwickeln Sie nun weitere, Ihr Geschäft betreffende Maßnahmen:

◆ Haben Sie über die genannten Maßnahmen hinaus
   noch weitere Ideen, die sich z.B. aufgrund Ihrer ge-
   schäftsspezifischen Gegebenheiten anbieten?

◆ Brainstormen Sie mit Kollegen oder sprechen Sie mit
   Ihrem Website-Programmierer, Ihren Marketing-Agentu-
   ren oder sonstigen relevanten Dienstleistern über weitere Mittel und Wege, die Empfehlungen auslösen.

◆ Nehmen Sie Ihre selbst entwickelten Maßnahmen in
   Ihren Empfehlungsmarketingplan auf.

Raum für Ihre zusätzlichen Ideen:

_____

_____

_____

_____

Etappe 3

◆ Planen Sie nun die von Ihnen angekreuzten bzw. selbst
   hinzugefügten Maßnahmen im Detail. Vermerken Sie,
   welche Empfehlerzielgruppen Sie mit der jeweiligen
   Maßnahme adressieren wollen, welche einzelnen
   Schritte oder Vorarbeiten zu erledigen sind, und legen
   Sie ein Erfüllungsdatum fest.

- Vergessen Sie die Kostenplanung nicht. Ermitteln Sie für jede Maßnahme den Preis und vermerken Sie diesen ebenfalls. Wenn Sie die Umsetzung nicht selbst übernehmen, benennen Sie den entsprechenden Mitarbeiter, Kollegen oder Dienstleister.

- Übertragen Sie Ihre Maßnahmen, Daten, Ihre Verantwortlichkeit und Ihr zugehöriges Budget in Ihren Empfehlungsmarketingplan.

4.5 Exkurs: Hinweise zum Empfehlungsmarketing im Internet

Viele Menschen informieren sich heute vor allem online über anzuschaffende Produkte oder in Erwägung gezogene Leistungen. Egal, ob ein Hotel gebucht oder eine neue Waschmaschine gekauft werden soll – zu nahezu jedem Thema sind im Internet leicht und schnell Kundenerfahrungen und -bewertungen zu finden.

Im Verhältnis zu den nach Empfehlungen und Bewertungen suchenden Verbrauchern sind es aber nach wie vor wenige Unternehmen, die hier nachhaltig aktiv sind und positive Empfehlungen von Kunden stimulieren.

Klar, es gibt Firmen und Selbstständige, die ihre Mitarbeiter oder einen Dienstleister damit beauftragen, großflächig positive Bewertungen oder Rezensionen ins Internet zu bringen. Doch diese sind für den kritischen Leser meist als solche zu erkennen, klingen sie doch eher wie Werbebotschaften – immer ist alles „super". Die Bewertung oder Rezension ist meist wenig differenziert. Dafür stehen dazwischen überraschte Aussagen von echten Kunden, die nach eigener Erfahrung all die genannten Vorzüge gar nicht verstehen können. Glücklicherweise sind deren Feedbacks und Bewertungen darum auch meist sehr detailliert und offen, sodass wieder ein ausgewogenes Bild beim Bewertungssuchenden entstehen kann. Echte, positive Kundenaussagen sind halt die besten.

Bitten Sie zufriedene und überzeugte Kunden um Empfehlungen oder positive Bewertungen.

Ist ein Kunde dafür offen, besprechen Sie ruhig mit ihm, was genau er bewerten möchte, und bitten Sie um differenzierte Aussagen. Ein „alles wunderbar" hilft weder Ihnen noch den Bewertungssuchenden wirklich weiter.

Von Fakes jedoch sollten Sie tunlichst die Finger lassen. Zu Recht ist die Internetgemeinde sehr hart im Umgang mit Lügen und Manipulationen. Fliegt das getarnte Eigenlob auf, müssen Sie mit Gegenwehr bis hin zu Boykottaufrufen und beißendem Spott innerhalb der Blogosphäre rechnen.

4.6   Den Empfehlungsmarketingplan zum Fliegen bringen

Sie haben Ihr Empfehlungsmarketing nun bestens vorbereitet und sauber geplant. Jetzt können Sie die einzelnen Maßnahmen Schritt für Schritt umsetzen. Kontrollieren Sie dabei regelmäßig Ihr Fortkommen in Bezug auf Termin und Budget.

Bitte haben Sie ein bisschen Geduld, denn etwas Zeit braucht es schon, bevor die Maßnahmen sichtbar greifen. Doch wenn Sie konsequent dabei bleiben und Empfehlungsmarketing zur Dauerinstitution, ja zur Gewohnheit machen, haben Sie ein starkes, wirkungsvolles Instrument in der Hand, um effizient und kostengünstig neue Kunden zu gewinnen und mehr Umsatz zu erzielen.

Wie geht es dann weiter? Nach sechs bis acht Wochen führen Sie eine erste Erfolgskontrolle durch. Früher ist das wenig sinnvoll. Manche Maßnahmen brauchen sogar noch mehr Zeit und auch branchenspezifische Unterschiede haben Auswirkungen auf die zeitbezogene Wirksamkeit. Bitte warten Sie aber auch nicht zu lange, sonst stecken Sie vielleicht Geld und Energie in Maßnahmen, die nichts bringen.

Ermitteln Sie zunächst erneut die Empfehlungsrate wie in Kapitel 2 beschrieben und vergleichen Sie diese mit Ihrem Ausgangswert.

Die Differenz zeigt Ihnen Ihre erreichte Steigerung. Gab es den Ausgangswert noch nicht, notieren Sie nun Ihre aktuelle Empfehlungsrate als Basis für die nächste Messung.

Das Messen der Ergebnisse jeder einzelnen Maßnahme ist sehr aufwändig. Und nicht jedes Resultat lässt sich exakt bestimmen. Die besten Ergebnisse liefert eine detaillierte Neukundenbefragung. Von Zeit zu Zeit ist diese sehr empfehlenswert. Eine Befragung alle paar Wochen wird aber mit Sicherheit kaum ein Unternehmen durchführen können und wollen.

Wenn Sie engen Kundenkontakt haben und im Gespräch die Herkunftsfrage stellen und bei passender Gelegenheit auf die Einzelmaßnahmen vertiefen, entwickeln Sie ohnehin ein gutes Gespür für das, was ankommt oder eben nicht.

Ansonsten sollten Sie regelmäßig mit Ihren Vertriebs- und Marketingleuten über Feedback und Eindrücke sprechen, die diese in Bezug auf die verschiedenen Empfehlerzielgruppen und Maßnahmen erhalten haben.

Schauen Sie sich Ihre Empfehlerzielgruppen genau an und ermitteln Sie, wer immer wieder empfiehlt. Analysieren Sie wenn sinnvoll auch Zusammenhänge in Bezug auf Alter, Geschlecht, Branche oder was sonst noch erhebungsrelevant für Ihr Unternehmen ist. Verstärken Sie hier Ihre Aktivitäten in Richtung empfehlungsstarke Zielgruppen.

Zur Erfolgskontrolle gehört auch der Zeit- und Budgetabgleich. Ermitteln Sie, wie viel Sie pro Maßnahme investiert haben, und vergleichen Sie die Ergebnisse mit Ihrer Planung.

Danach geht es an die Optimierung Ihres Empfehlungsmarketingplans. Verstärken Sie die eindeutig Erfolg bringenden Maßnahmen. Passen Sie gegebenenfalls die Empfehlerzielgruppen an. Sollte der Erfolg von Maßnahmen noch nicht einschätzbar sein, lassen Sie diese weiterlaufen. Solche, die eindeutig keinen Erfolg erzielen, stellen Sie ein.

Legen Sie für die nächste Etappe wieder Ziele fest und führen Sie die Ressourcenplanung durch. Tragen Sie das Datum für die nächste Erfolgskontrolle in Ihren Kalender ein.

Mit der Zeit werden Sie so Ihren Plan optimieren und sichtbare, positive Ergebnisse in Form einer höheren Empfehlungsrate, von steigenden Neukundenzahlen und letztlich Umsatzzugewinn verzeichnen.

Sprint-Aufgabe:
Erfolgskontrolle und Optimierung
des Empfehlungsmarketingplans

Bitte überprüfen Sie, ob Sie die Ziele, die Sie sich gesetzt hatten, erreicht haben, und optimieren Sie gegebenenfalls Ihren Empfehlungsmarketingplan.

5 Vom Umgang mit Negativaussagen

Wie man Kunden möglichst gar nicht erst unzufrieden werden lässt, wurde in Kapitel 1 besprochen. Aber natürlich passiert es trotzdem mal, dass eine Lieferung nicht pünktlich ankommt oder dass das neue Produkt einen Mangel aufweist. Der Kunde ist enttäuscht oder verärgert.
Fehler passieren, das ist menschlich. Die wahre Kunst liegt im professionellen Umgang damit.

5.1 Professionelles Beschwerde- und Reklamationsmanagement

Hier haben Sie den ersten Hebel in der Hand, um negative Konsequenzen aller Art zu vermeiden.

> Reagieren Sie auf Unzufriedenheitsanzeichen von Kunden sofort!

Sprechen Sie Ihren Kunden auf seinen Missmut an und räumen Sie den misslichen Umstand möglichst gleich aus der Welt. Telefonisch oder schriftlich vorgetragenem „Unmut" begegnen Sie ebenfalls persönlich, zeitnah und lösungsorientiert. So verhindern Sie durch schnelles und kompetentes Handeln negative Aussagen oder schlechte Bewertungen.

> Machen Sie Kunden Reklamationen oder Beschwerden so einfach wie möglich und definieren Sie die dahinter stehenden Prozesse genau.

Legen Sie Zuständigkeiten und Mängelbeseitigungsfristen fest. Kommunizieren Sie auch klar, wo Grenzen sind, also Ihre Garantien und Zuständigkeiten aufhören, oder dass Sie bei Preisnachlässen aufgrund von kleinen Produktmängeln kein Rückgaberecht einräumen.

Schulen und sensibilisieren Sie alle Ihre Mitarbeiter und Kollegen, die mit unzufriedenen Kunden in Kontakt kommen. Und *jeder* im Unternehmen muss wissen, wer grundsätzlich für Reklamationen und Beschwerden zuständig ist.

Schaffen Sie klare Regeln, wie in welchem Fall reagiert wird.

Geben Sie Ihren Mitarbeitern Freiheiten bzw. klare Handlungsspielräume, sodass sie nicht bei jeder Kleinigkeit erst den Geschäftsführer holen müssen. Verärgerte Kunden sind ungeduldig. Sie wollen nicht auch noch auf jemanden warten, der vielleicht helfen kann. Überlegen Sie auch, wie kulant Sie in welchem Fall sein möchten bzw. können.

Auf Ihrer Website, auf Lieferpapieren, Garantiescheinen usw. muss klar und deutlich erkennbar sein, an wen sich der Kunde im Beschwerde- oder Reklamationsfall wenden kann. Und ganz wichtig: Die Mitarbeiter, die ans Telefon gehen oder die Fälle bearbeiten, müssen wirklich zuständig und handlungskompetent sein. Lassen Sie den Reklamierer nicht ewig in einer Warteschleife hängen oder in einem ahnungslosen, unfähigen Callcenter landen, sondern schaffen Sie Möglichkeiten, dass ihm schnell und kompetent geholfen wird. Anderenfalls wird seine Unzufriedenheit nur noch weiter zunehmen. Wut und vielleicht sogar Rachegefühle kommen auf. Die Hemmschwelle sinkt, doch gleich einen saftigen Artikel über Sie ins Internet zu setzen.

Gute Reklamations- oder Beschwerdeprozesse allein reichen aber leider nicht aus. Generell beschweren sich Menschen nämlich gar nicht gerne:
- ◆ Der eine will die schöne Atmosphäre mit seiner Partnerin im Restaurant nicht zerstören, bloß weil das Essen kalt war, merkt sich das aber sehr wohl und kommt nicht wieder.
- ◆ Der Nächste traut sich vielleicht nicht oder geht davon aus, dass die Beschwerde sowieso nichts bringt.

Am ärgerlichsten für Sie aber ist es, wenn Sie zahlungskräftige und konsumfreudige Kunden verlieren, die Reklamationen oder Beschwerden als pure Zeitverschwendung betrachten. Der Aufwand steht für sie in keinem Verhältnis zum Wert des Produktes. Sie schmeißen eher weg, als sich zu beschweren. Den Ersatz werden sie aber mit Sicherheit nicht bei Ihnen kaufen.

Bringen Sie also Ihre Kunden dazu, im „Ernstfall" sofort mit Ihnen zu reden.

Das schaffen Sie, indem Sie einen engen Kontakt mit ihnen pflegen und sie ermutigen, Unzufriedenheiten bzw. Verbesserungsvorschläge sofort zu äußern – auch anonym. Stellen Sie z.B. eine Beschwerdebox auf. Zettel und Stift sollten immer daneben liegen.

**Sprint-Aufgabe:
Kundenfeedback-Check**

◆ Bitte überlegen Sie, an welchen Stellen Sie Ihre Kunden motivieren können, Feedback aller Art, z.B. Verbesserungsvorschläge und Ideen, aber auch Beschwerden und Unzulänglichkeiten, zu melden. Machen Sie es ihnen so einfach wie möglich.

◆ Setzen Sie Ihre Kundenfeedback-Möglichkeiten zeitnah in die Praxis um.

5.2 Reklamierer zu Empfehlern machen

Ist es Ihnen gelungen und es steht ein genervter Kunde vor Ihnen oder Sie haben einen aufbrachten Interessenten am Telefon, sollten Sie sich freuen. Ja wirklich! Das mag vielleicht in dem Moment nicht leicht sein, aber denken Sie daran, dass Sie hier die Chance haben, …

◆ ihn vom Weitererzählen oder Veröffentlichen seines Missmutes abzuhalten und

◆ ihn durch richtigen Umgang als Kunden zu behalten, besser noch zum Empfehler zu machen.

Und wie? Nun, indem Sie freundlich und professionell mit ihm umgehen:

◆ Schenken Sie ihm besonders viel Aufmerksamkeit und kommen Sie bitte keinesfalls auf die Idee, die Schuldfrage zu diskutieren. Das bringt niemanden weiter.

◆ Drücken Sie aus, dass Sie froh sind, ihn jetzt mit seinem Anliegen bei sich zu haben, und dass Sie ihm helfen wollen.

◆ Hören Sie ihm in Ruhe zu und versuchen Sie, sofort Abhilfe zu schaffen.

◆ Wenn sofortige Abhilfe nicht möglich ist, sagen Sie dem Reklamierer klar, wann Sie sich mit einer Lösung bei ihm melden werden. Und halten Sie das Versprechen dann unbedingt ein!

Wenn Sie so vorgehen, ist in der Regel schon mal die Gefahr einer negativen Aussage oder der Veröffentlichung einer schlechten Beurteilung gebannt.

> Wollen Sie aber die Chance nutzen und einen Empfehler aus Ihrem Reklamierer machen, müssen Sie – Sie ahnen es vielleicht schon – seine Erwartungen übertreffen, ihn verblüffen, mit Ihrer Wiedergutmachung begeistern.

Oft reicht es schon, dass Sie sein Anliegen oder Problem schnell lösen. Das sind Kunden oft nicht gewohnt, erwarten es somit auch nicht. Eine witzige oder Hand geschriebene „Tut uns leid"-Karte oder ein kleines Geschenk übertreffen ebenfalls Erwartungen. Und ein freundlicher Anruf ein paar Tage nach der Wiedergutmachung mit der Frage, ob wieder alles in Ordnung ist oder Sie noch etwas für ihn tun können, wirkt Wunder. Die Menschen sind so verblüfft über die unerwartet gute Behandlung, dass sie es weitererzählen.

Sie sehen, es ist gar nicht so schwer, und vor allem: Es zahlt sich langfristig für Sie aus.

Beispiel

Einem Mobilfunkunternehmen ist ein Softwarefehler bei einem neu auf den Markt gebrachten Handy unterlaufen. Hier rufen nicht nur ein paar missmutige Kunden an, sondern Tausende. Selbst das beste Callcenter kann so etwas nicht schaffen. Hier hilft also nur eine sofortige freundliche Bandansage mit einer ehrlichen Erklärung, der Bitte um Geduld und einem Rückrufversprechen. Und wird der Kunde dann zeitnah von einem kompetenten Callcenter-Mitarbeiter zurückgerufen und bekommt zusätzlich 10 Euro Gesprächsguthaben geschenkt, passiert das „kleine Wunder" und die Kunden wechseln eben nicht den Anbieter, sondern sind so überrascht und über das Guthaben erfreut, dass sie dies von sich aus weitererzählen.

Natürlich sollen Sie keine Wiedergutmachung leisten, wenn Sie gar nicht für den Schaden verantwortlich sind. In der Regel beruhigen sich aufgebrachte Kunden schnell, wenn Sie sachlich, geduldig und freundlich mit ihnen umgehen. Und klar, notorische Nörgler und nicht zu beruhigende Streithähne gibt es nun einmal auf dieser Welt, da helfen Ihre besten Bemühungen nichts, aus denen wird kein Empfehler. Solche Zeitgenossen sind jedoch glücklicherweise kein Massenphänomen.

Ausdauer-Aufgabe:
Reklamierer zu Empfehlern machen

Analysieren Sie Ihr Beschwerde- und Reklamationsmanagement. Beantworten Sie dazu folgende Fragen:

◆ Haben Sie alle Prozesse klar definiert?

◆ Wissen Ihre Kunden, bei wem sie Beschwerden oder Reklamationen platzieren können?

- Bitte überlegen Sie nun, mit welchen konkreten Maßnahmen Sie Ihre Reklamierer zu Empfehlern machen können.

- Schreiben Sie alle Arbeitsschritte auf und legen Sie ein Erfüllungsdatum fest.

- Übertragen Sie die Maßnahmen und Daten in Ihren Empfehlungsmarketingplan und setzen Sie sie termingerecht um.

5.3 Den guten Ruf bewahren – Reputationsmanagement betreiben

Negativaussagen oder schlechte Bewertungen können verschiedene Ursachen haben. Manchmal hat Ihr Unternehmen nicht einmal einen Grund geliefert. So tauchen Gerüchte ohne konkrete Ursache völlig haltlos aus dem Nichts auf und verbreiten sich, vielleicht gestreut durch einen Mitbewerber. Oder es liegen schlichtweg Missverständnisse vor und führen zu negativen Bewertungen. Wie auch immer: Sie schädigen den Ruf Ihres Unternehmens und verhindern infolgedessen Empfehlungen.

Daher gehört Reputationsmanagement zu einem fundierten Empfehlungsmarketing. Damit sind alle Maßnahmen zur Erhaltung oder Wiederherstellung des guten Ansehens Ihres Unternehmens gemeint.

Von negativer Mundpropaganda werden Sie eventuell gar nichts mitbekommen. Hier wird die schlechte Nachricht von Mensch zu Mensch weitergeben. Das ist nicht schön, hat aber eine beschränkte Reichweite.
Kritisch kann es im Internet werden. Es ist ein Kinderspiel für jeden, seinen Missmut zu äußern und eine negative Meinung oder schlechte Bewertungen in seinem Blog, einem Forum oder Meinungsportal zu veröffentlichen. Das steht dann einem Massenpublikum offen, und zwar leider nicht

nur an einem Tag, sondern sehr lange. Wenn man Pech hat, verbreiten sich die Negativbotschaften schnell, denn dafür sind Menschen sehr zugänglich. Und so kommt es vor, dass erst nur ein Kunde anfängt, sich über ein Unternehmen aufzuregen, dann noch einer und noch einer. Wenn es richtig dumm läuft, nimmt die Presse das Thema auf und die Schmach erscheint auch in diversen Medien.

Geschichten dieser Art sind bekannt, und trotzdem vernachlässigen es viele Unternehmen, ihren Ruf im Internet zu überwachen und zu pflegen.

Beispiel

Eine amerikanische Fluggesellschaft hatte einmal einen Musiker an Bord, dessen Gitarre nach dem Flug kaputt war. Alle Reklamationen und Beschwerden nützten nichts und so schrieb der Künstler ein Lied über den Vorfall, drehte ein witziges Video dazu und veröffentlichte dieses auf der Internetplattform YouTube. Der Link wurde weiterverschickt, das Video bekam Klickraten in Millionenhöhe. Presse, Funk und Fernsehen berichteten darüber. Die Geschichte ging im wahrsten Sinne des Wortes um die Welt. Schauen Sie mal im Internet unter „United breaks guitars" nach – Sie werden viel Spaß haben. Den hatte die Fluggesellschaft nun ganz und gar nicht, ihr Ruf nahm nachhaltigen Schaden. Alle Versuche, den Künstler hinterher zu entschädigen bzw. seine Aktionen zu stoppen, liefen ins Leere.

Klar, dass sich etwas so hochschaukelt wie in diesem Beispiel, ist selten und passiert eher großen Unternehmen, an denen die breite Öffentlichkeit Interesse zeigt. Generelle Panik wäre unangebracht.

> Dennoch sollten Sie wissen, was über Sie bzw. Ihr Unternehmen im Internet geschrieben steht, und die für Ihre Branche relevanten Bewertungsportale, Blogs und Foren kennen.

Nutzen Sie dafür die Suchmaschinen und Google Alerts. Bei diesem kostenlosen Service tragen Sie Ihr Unternehmen einmal ein und bekommen per E-Mail die Links zu entsprechenden Veröffentlichungen geschickt, sobald die Suchmaschine diese registriert. Freiberufler, die sich mit ihrem Namen vermarkten, finden in Personensuchmaschinen wie yasni.de Einträge und Listungen über sich selbst. Und ob über Ihr Unternehmen „gezwitschert", also im Kurznachrichtendienst Twitter geredet wird, können Sie unter search.twitter.com feststellen. Legen Sie relevante Suchbegriffe fest und nutzen Sie die „Advanced Search"-Funktion.

Außerdem gibt es derweil zu fast jedem Dienstleistungsberuf spezialisierte Plattformen, so z.B. für Anwälte oder Ärzte. Selbst Professoren werden heute öffentlich im Netz von Ihren Studenten gelobt oder getadelt. Auch wenn Sie nur in einer kleinen Region oder einer einzigen Stadt aktiv sind – schauen Sie sich die ortsbezogenen Portale an und checken Sie auch Ihre Bewertungen in Google Maps. Die Bewertungen von Produkten, die Sie lediglich vertreiben, sollten Sie ebenfalls kennen.

Übrigens wird oft unterschätzt, dass auch die negativen Aussagen von Mitarbeitern den Ruf eines Unternehmens schädigen und Empfehlungen verhindern können. In Arbeitgeber-Bewertungsportalen schimpfen Mitarbeiter über die miese Behandlung in ihren Unternehmen. Die Leser dieser Nachrichten bekommen ein schlechtes Bild und wollen solcherlei Gebaren nicht unterstützen, kaufen also nicht mehr bei diesen Unternehmen ein.

5.4   Was tun bei Negativaussagen im Internet?

Wenn der Kunde seinen Namen nennt, gehen Sie vor wie oben beim Beschwerdemanagement beschrieben. Kontaktieren Sie ihn und bieten Sie ihm eine Wiedergutmachung an. Die Gefahr, weitere Negativkommentare von ihm zu erhalten, ist damit in der Regel gebannt. Den Eintrag bekommen Sie jedoch mit hoher Wahrscheinlichkeit leider nicht wieder heraus.

Erfolgen die Kritiken anonym oder unter Pseudonym – was die Regel ist –, können Sie per „Kommentarfunktion" in den Dialog gehen oder sich entschuldigen. Darüber hinaus können Sie begeisterte Kunden bitten, eine positive Bewertung abzugeben. Das schwächt eine negative Aussage ebenfalls ab. Hüten Sie sich tunlichst vor Fake-Einträgen, z.B. selbst geschriebenen anonymen Lobeshymnen, und fangen Sie nicht an, sich zu rechtfertigen oder gegen die Kundenaussage zu wettern. Das stärkt nur die Meinung der Leser vom „bösen Unternehmen".

Grundlegend gilt:

> Offenheit, Ehrlichkeit und vor allem das Zugeben von Fehlern werden geschätzt und bringen Ihnen im Ernstfall Pluspunkte.

Ihr guter Ruf ist ein Stück weit wieder hergestellt. Gehen Sie in den offenen Dialog. Nutzen Sie die Möglichkeit eigener Kommentare in Blogs und Bewertungsportalen. Werden Sie insbesondere bei gehäuften Negativaussagen aktiv und gehen Sie darauf auf Ihrer eigenen Internetseite ein. Erstarren Sie also nicht wie der Hase vor dem Gewehrlauf, sondern handeln Sie.

Für schlimme Fälle gibt es spezialisierte Dienstleister, die neben der Reputationsüberwachung für Personen und Unternehmen auch die Wiederherstellung eines guten Rufes im Internet anbieten.

Sprint-Aufgabe:
Geschäftsrelevante Internetinformationen
überwachen

Recherchieren Sie für Sie oder Ihr Unternehmen relevante Blogs, Foren oder Bewertungsportale. Prüfen Sie ab sofort regelmäßig, was über Ihr Unternehmen oder Produkte, die Sie vertreiben, im Netz so alles geschrieben steht.

Natürlich gibt es gibt auch unberechtigte negative Bewertungen oder Aussagen im Internet. So etwas müssen Sie nicht auf sich sitzen lassen.

Kontaktieren Sie den Plattformbetreiber, erklären Sie die Situation und bitten Sie um Löschung des Eintrages.

Wenn es richtig übel wird und Sie verleumdet werden, können Sie einen Anwalt einschalten. Passen Sie aber auf, dass Sie nicht der so genannte „Streisand-Effekt" ereilt und der Versuch, die Aussagen per Klage entfernen zu lassen, dazu führt, dass Ihr Fall erst richtig Wellen schlägt und die Infos sich noch stärker verbreiten. Den Namen bekam der Effekt übrigens von der gleichnamigen Schauspielerin, die vor Jahren eine amerikanische Internetseite auf 50 Millionen US-Dollar verklagte, weil ein Luftbild ihres Hauses zwischen 12.000 anderen Fotos von der Küste Kaliforniens zu sehen war.

Gegen negative Bewertungen von Produkten, die Sie nur vertreiben, können Sie als Händler nichts tun. Aber wenn Sie diese Negativaussagen wenigstens kennen, können Sie eine Kundenargumentation für sich vorbereiten und den Hersteller informieren. Bedenken Sie, dass eine Umsatzbeeinträchtigung in jedem Fall auch Ihnen droht. Wenn Sie für eine Marke in Ihrem Sortiment besonders bekannt sind, beeinträchtigt das auch Ihren guten Ruf und damit Ihr Empfehlungsgeschäft. Stellt sich heraus, dass die Kritiken berechtigt sind, haben Sie es in der Hand und können rechtzeitig den Lieferanten wechseln.

Zum Schluss

Gratulation! Sie haben es geschafft. Sie haben die Weichen für eine empfehlungsstarke Zukunft gestellt.

Zusammenfassend finden Sie hier die drei wichtigsten Dos und Don'ts für erfolgreiches Empfehlungsmarketing auf einen Blick:

Dos und Don'ts für erfolgreiches Empfehlungsmarketing
☑ Schaffen Sie die Voraussetzungen für Empfehlungen und sorgen Sie dafür, dass sie dauerhaft erhalten bleiben.
☑ Begeistern Sie Ihre Kunden und Empfehler; machen Sie sie zu Fans! Durch Ihr „gewisses Extra", spannende Geschichten und die passenden Maßnahmen schaffen Sie es.
☑ Haben Sie Geduld und betreiben Sie Empfehlungsmarketing konsequent und dauerhaft. Nur so ist es erfolgreich.
☒ Kein Durchschnitt sein. Messen Sie sich nicht einfach an Ihrem Wettbewerb. Tun Sie nicht, was jeder tut, sondern setzen Sie eigene Maßstäbe.
☒ Keine Fakes! Lassen Sie die Finger von glänzenden selbst initiierten Bewertungen auf Internetportalen.
☒ Unterlassen Sie manipulative Gesprächstechniken! Beim Empfehlungsmarketing geht es nicht um schnelle Verkäufe oder Adresshascherei bei Empfehlern, sondern um nachhaltige und langfristige Begeisterung.

Und wenn Sie mein Buch begeistert hat, dann empfehlen Sie es bitte weiter – gern auch in Form einer positiven Rezension auf Amazon. Wenn nicht, sagen Sie es nur mir. ☺

Besonders würde mich freuen, wenn Sie mir Ihre eigenen empfehlungsauslösenden Maßnahmen, Ihre Erfahrungen oder konstruktives Feedback schicken. Schreiben Sie mir einfach eine E-Mail an:

empfehlungsmarketing@yvonne-rubin.de

Herzlichen Dank & auf Wiederlesen!

Eine kleine Zugabe: Literatur und Links

Das ist eine Zugabe für alle Wissbegierigen, die verschiedene im Buch angeschnittene Themen vertiefen wollen. Alle vorgeschlagenen Bücher habe ich selbst gelesen und für gut befunden. Die vorgestellten Internetseiten, die ich sorgfältig recherchiert habe, bieten Ihnen eine Fülle an Informationen, Recherchemöglichkeiten und Werkzeugen.

Correll, Werner: Menschen durchschauen und richtig behandeln. Psychologie für Beruf und Familie. 19. Auflage. Heidelberg 2007. – *Ein Buch für alle, die ihre Menschenkenntnis verbessern wollen.*

Eck, Klaus: Karrierefalle Internet. Managen Sie Ihre Online-Reputation, bevor andere es tun. München 2008. – *Gutes Buch zum Thema Reputationsmanagement von Personen und Unternehmen.*

Fuermann, T. / Dammasch C.: Prozessmanagement. Anleitung zur ständigen Prozessverbesserung. München 2008. – *Ein schneller und guter Einblick zu den Themen Unternehmensprozesse und Qualitätsmanagement.*

Härter, Gitte: Kundenakquise. Wie Sie der Welt sagen, dass es Sie gibt. Berlin 2008. – *Sehr gutes Buch zu Unternehmensauftritt, Verkauf und Akquise.*

Patalas, Thomas: Guerilla-Marketing. Ideen schlagen Budget. Berlin 2006. – *Das Buch gibt einen sehr guten Einblick ins Thema und bringt auch Licht ins Dunkel der „coolen" Marketingbegriffe, wie Ambush, Viral, Ambient & Co.*

Schlembach, Claudia: Verkaufen. Kundengerecht argumentieren und erfolgreich abschließen. Berlin 2008. – *Ein knackiger Ratgeber für Verkäufer, die überzeugen wollen.*

Zollondz, Hans-Dieter: Marketing-Mix. Die sieben P des Marketings. Berlin 2008. – *Fundiert, kurz und bündig alles zum Thema.*

Empfohlene Internetseiten

Wissen Sie, was über Sie im Internet steht? Finden Sie es mithilfe einer dieser Personensuchmaschinen heraus:
www.123people.de
www.yasni.de

Erforschen Sie mit Google Alerts, was über Ihr Unternehmens im Netz verbreitet wird:
www.google.de/alerts/create?hl=de

Sehr gute Informationen und Tipps zum Thema Onlinemarketing liefert Dr. Schwarz von Absolit:
www.absolit.de

Den Blog von Klaus Eck rund um Corporate Communications und Reputationsmanagement finden Sie unter:
www.pr-blogger.de

Eine Fülle an Praxistipps, Selbstlernkursen sowie einen exzellenten Newsletter rund um alle für Selbstständige und Kleinunternehmen relevanten Themen finden Sie bei:
www.unternehmenskick.de

Über die Autorin

Yvonne Rubin, Diplom-Kommunikationswirtin, war viele Jahre im Management eines internationalen Konzerns tätig, bevor sie sich vor mehreren Jahren selbstständig machte. Sie berät Unternehmen in Sachen authentische Selbstvermarktung, Empfehlungsmarketing und Führung. Zu diesen Themen gibt die ausgebildete Trainerin auch Seminare und Workshops. Darüber hinaus begleitet sie als zertifizierter Business Coach Unternehmer und Führungskräfte in Zeiten der Veränderung, bei Entscheidungen sowie beim Teammanagement. Ihre Kunden schätzen sie für ihre klaren Worte, ihren Pragmatismus und ihren Humor.

www.yvonne-rubin.de
empfehlungsmarketing@yvonne-rubin.de

Stichwortverzeichnis